인생에 대해 조언하는 구루에게서 도망쳐라, 너무 늦기 전에

인생에 대해 조연하는 구루에게서 도망쳐라, 너무 늦기 전에

Tomasz Witkowski

토마시 비트코프스키 지음
남기영 옮김

우리를 미혹하는
유행, 가짜, 사기 격파하기

바다출판사

이 책에 쏟아진 찬사

토마시 비트코프스키의 책은 문화란 세상에 대한 진실된 비전을 만들고 공유하는 것이라는 안일한 개념을 맹렬히 비판한다. 이는 진실은 결국 승리한다는 희망을 붙잡고 옳은 방향으로 가기를 열망하는 우리에게 큰 도움이 될 것이다.

―로이 바우마이스터Roy Baumeister, 심리학자, 플로리다주립대학교 교수

비트코프스키 박사는 읽기 쉽게 설명하며 우리가 당연하게 여기는 많은 것의 실체를 폭로한다. 누구나 관심을 가질 만한 책이지만 정신 건강 프로그램을 개발하고 자금을 지원하는 정책 입안자라면 반드시 읽어야 할 책이다.

―마빈 로스Marvin Ross, 의학 작가, 출판인

토마시 비트코프스키는 심리학의 좋은 점과 나쁜 점을 기록한 연대기 작가이다. 그는 이전 저서 《심리학의 형성Shaping Psychology》에서 심리학의 밝은 면을 강조했다. 독자가 든 이 책은 심리학의 어두운 측면에 초점을 두어 과거와 현재의 권위자에 의해 형성된 독단적 믿음과 학설이 현장에서 의심 없이 받아들여진 방식뿐만 아니라 재현 연구의 어려움, 심리학이 고심하는 다른 중요한 문제에 대해 논의한다. 간결하게 잘 쓰여진 이 책은 최신의 사례를 많이 싣고 있으며 관련된 역사적 사실도 풍부하다. 또한 이 책은 이 분야에 대한 중요한 관점을 제공하며 특히 아직 독단에 물들지 않은 젊은 심리학자가 자신의 길을 찾는 데 도움이 될 것이다.

―조지프 르두Joseph LeDoux, 신경과학자, 뉴욕대학교 교수

이따금 토마시 비트코프스키의 의견에 동의하지 않을 때도 있지만 나는 심리학에 대한 그의 견해를 진심으로 받아들인다. 과학적 자기 성찰과 직설적인 회의주의는 우리 분야에 꼭 필요할 뿐만 아니라 신선한 바람을 불어넣어 준다.

—테디 윈로스Teddy Winroth, 심리학자, 심리 치료사

사람들은 자기 자신과 자신의 목적을 이해하기를 원한다. 의미에 대한 이런 욕구는 자신의 욕망이나 뛰어난 세일즈 기술이 진실보다 우선할 수 있는 기회를 만들어낸다. 이 도발적인 책에서 토마시 비트코프스키는 과학과 사이비 과학 사이의 투쟁, 특히 의미와 행복을 추구하는 과정에서 벌어지는 갈등을 조명한다. 비트코프스키는 필력이 뛰어나고 증거가 있는 곳이라면 어디든 쫓아가는 열정으로 피해자 되기, 자살, 거짓 고발과 같은 도전적인 주제를 다루고 있다.

—브라이언 A. 노섹Brian A. Nosek, 심리학자, 버지니아대학교 교수

비트코프스키의 이 새로운 책을 읽고 나면 과학자뿐만 아니라 여러분의 부모, 심지어 여러분 자신까지도 믿지 못할 수 있다. 저자의 의견에 동의하지 않을 수도 있겠지만 그의 견해는 여러분 자신이 가지고 있는 관점의 근거를 스스로 생각해 보게 만든다.

—마이클 포스너Michael Posner, 심리학자, 오리건대학교 교수

표면적으로는 일관되게 보이는, 이 세상의 숨은 이면을 들여다보길 원한다면 이 책에 실린 18편의 훌륭한 에세이를 추천하고 싶다. 저자는 수많은 사회적인 관련 이슈를 강조하면서 재미있고도 흥미진진한 비판적 사고의 여정으로 여러분을 안내한다. 열린 마음을 가진 사람들에게 진정한 독서의 즐거움을 선사한다.

—로우펜 셰퍼Rouven Schäfer, 독일회의주의단체GWUP e.V. 이사

여러분은 혁신적인 심리학자 토마시 비트코프스키가 거짓이 어떻게 우리의 집단적 의식에 침투했는지에 대해 제시하는 모든 사례에 동의하지 않을 수도 있다. 그럼에도 그의 글은 생동감 있고 도발적이다. 유행, 가짜, 사기를 받아들이는 우리 사회의 광범위한 경향은 직접적으로 영향을 받는 사람은 물론 그와 가까운 사람 모두에게 피해를 줄 수 있다. 여러분이 비판적인 사고를 위한 그의 호소에 귀 기울이기를 바란다.

—엘리자베스 F. 로프터스Elizabeth F. Loftus, 심리학자, 캘리포니아대학교 교수

이 책을 '사지 말아야 할' 한 가지 이유가 있다면 그것은 토마시 비트코프스키가 대안적 의견을 강력하게 내세우며 독자가 지닌 소중한 믿음에 도전하기 때문이다. 반대로 이 책을 사야만 하는 이유는 이 책이 대화를 나눌 때 경쟁 우위를 점할 수 있게 해 준다는 점이다. 이 책을 주의 깊게 읽거나 가까이 두고 참고하는 사람은 이 책을 접하지 않은 사람보다 다양한 주제에 대해 훨씬 더 똑똑하게 말할 수 있다.

—제임스 코인James Coyne, 심리학자, 펜실베이니아대학교 교수

정보에 입각한 가독성 높은 설명을 담은 이 책의 메시지는 아주 적절한 시기에 독자들과 만나게 되었다.

—마이클 힙Michael Heap, 법심리학자

우리는 배우는 모든 것을 너무 쉽게 받아들인다. 그러나 토마시 비트코프스키는 다르다! 그는 모든 것에 의문을 제기하고 심리학, 문화, 심지어 과학 자체의 상당 부분이 신뢰할 만한 증거에 의해 뒷받침되지 않는다는 사실을 밝혀낸다.

—해리엇 홀Harriet Hall, 회의주의 의사

차례

1부 • 현실의 장막 벗기기

2부 • 삶과 죽음의 경계 흐리기

3부 • 과학의 제단 무너뜨리기

4부 • 대중 심리학의 풍경 헤집기

5부 • 치료 문화의 허상 까발리기

로이 F. 바우마이스터*의 서문

　인간을 다른 모든 동물과 구별하는 기준은 무엇인가? 당연히 여러 가지 답이 나올 것이다. 나는 인간의 본질을 알고자 애썼고 오랜 연구 끝에 근본적인 인간 본성의 핵심을 깨닫게 되었다. 다른 모든 생명체와 마찬가지로 인간 본성도 진화로 형성되기는 했지만 그 본성은 소위 문화라고 하는 아주 특별한 전략에 맞추어 조정되었다. 우리 인간을 다른 포유류와 구별하는 특성은 문화를 만드는 적응에서 생겨났다. 문화는 생존과 번식 가능성을 높이려는 사회 구성의 한 방식이다. '문화'라는 단어는 농업에서부터 시작되는데 실제 농업은 다른 종에서는 찾아볼 수 없지만 세계 모든 인간에게서 발견되는, 먹거리를 생산하는 방식이다. 다른 동물도 먹이가 필요하기는

---

* 로이 F. 바우마이스터는 사회심리학의 대가로서 의지력, 자제력, 대인관계와 소속감, 섹슈얼리티와 젠더, 공격성, 자아존중감 등 광범위한 주제로 500여 편의 논문을 출판했다. 특히 의지력이 마치 자원처럼 고갈되며 근육처럼 훈련으로 강화할 수 있다는 이론으로 심리학계에 센세이션을 일으켰다. 그의 책《의지력의 재발견》은《뉴욕 타임스》베스트셀러에 올랐다. ─편집자주

마찬가지이지만 농업을 함으로써 그 어떤 전략보다 더 확실하게 많은 먹거리를 만들어 낼 수 있음을 깨닫지는 못했다.

인간과 동물을 구별하는 특성을 더 자세히 들여다보면 두 가지 특징이 또렷하게 드러난다. 바로 의사소통과 협력이다. 존경해 마지않는 심리학자 조너선 하이트Jonathan Haidt는 "인간은 협력에서 세계 챔피언이다"라고 말했는데 그 이유는 우리 인간이 그 어느 동물보다 더 다양하고 더 복잡한 방식으로 각양각색의 사람과 협력하기 때문이다(누군가는 거대한 개미 군락도 상당히 협력적이라고 주장할 수 있겠으나 개미의 협력은 내재화되어 무의식적이며 상대적으로 경직되어 있다). 사실 시장 경제야말로 본질적으로 협력을 위한 거대한 체제다. 구매자는 구매를 원하고 판매자는 판매를 원하기에 상호 수용 가능한 가격에 거래가 성사되면 양측 모두에게 좋은 일이다. 그것이 바로 협력의 본질로 상호 이득의 증가를 위해 함께 일하는 것이다.

거래는 모든 현대 문화와 대부분의 고대 문화에서 발견된다. 그러나 다른 종에게서 거래와 비슷한 뭔가를 찾으려면 아주 열심히 들여다봐야만 할 것이다. 돈은 거래를 훨씬 용이하게 만든다. 아마도 그 때문에 현대 사회의 모든 국가에서 돈을 사용하고 있으며 돈이 처음 만들어졌을 때도 사회마다 급속하게 퍼져나갔던 것으로 추정한다. 내가 아는 바로 돈을 제거하는 데 성공한 사회는 없다(소련에서 잠시 시도를 했지만 그건 재난 그 자체였다). 그러나 동물은 돈을 만들어 내지는 못했다.

우리가 협력의 세계 챔피언이라면 어쩌면 의사소통에서

는 더 큰 재능을 지니고 있을 수 있다. 많은 언어학자는 동물의 의사소통이 진정한 언어 수준에는 미치지 못한다는 점에 동의한다. 한편 우리가 아는 모든 인간 사회는 언어를 갖고 있다. 인류학자는 일반 규칙에서 벗어나는 예외를 찾길 즐기므로 만약 언어가 없는 사회를 찾아낸다면 야망에 찬 인류학자에게 엄청난 직업적 성취가 될 것이다. 그러나 그런 사회는 존재하지 않는 것 같다. 따라서 언어는 인간의 본질적이며 중심적인 특성 중 하나이자 문화의 주요한 일부분이다. 언어가 없다면 문화는 원시적 수준에 머무를 것이다.

　언어의 대단한 점은 무엇일까? 언어는 정보 공유를 가능하게 해 준다. 대개 인간이 아닌 동물에게 생명의 끝이 왔을 때 살면서 학습했던 모든 것은 그 동물의 두뇌에 담겨 있다. 동물의 거의 모든 지식은 직접 경험이나 다른 동물의 어떤 행위를 관찰하는 것에서 온다. 이는 전형적인 인간 뇌에 있는 지식과는 차이가 있다. 인간 뇌에서 직접 경험이나 관찰에서 오는 지식은 아주 작은 부분을 차지한다. 인간 지식의 대부분은 말하기 읽기 듣기를 통해서 들어온다. 분명한 예를 하나 들자면 대개 사람은 기본적으로 산수를 할 줄 아는데 스스로 산수하는 법을 알아내려 하는 사람은 거의 없다는 점이다. 그 대신에 사람들은 학교에서 그걸 배운다. 지식 그 자체는 수 세기에 걸쳐서 형성되어 왔고 학교를 통해서 전달되고 있다. (학교도 역시 인간이 갖는 독특한 것이다. 새로운 사회 구성원에게 전해야 할 정보는 너무나 많고 학교는 그렇게 할 수 있는 가장 효율적이며 효과적인 수단이다.)

지금까지는 모든 일을 무난하게 잘해 왔다. 나는 과학자로서 진리의 공동 추구라는 차원에서 다른 사람들과 협력하고 소통해 왔다. 산수의 정보 가치를 이해하기는 쉬우며 경작법 역시 농업에서 아주 중요하다.

그런데 이 모든 것과 관련된 문제는 그 정보(즉 의사소통)의 분명한 가치가 정보의 **진실** 여부에 달려 있다는 점이다. 거짓 정보의 가치는 제대로 알아보기가 훨씬 어렵다. 사실 거짓 정보는 위험할 수 있다. 노점상이 현금 거래를 제대로 할 만한 정도로 산수를 모르면 머지않아 문을 닫게 될 것이다.

물론 실수란 여기저기서 발생하기 마련이다. 그런데 이런 오류들은 과학이 진보하며 곧 수정될 것이라 생각하기 쉽다. 어느덧 몰래 스며든 오류를 점차 제거해 가며 세상을 제대로 이해하고자 다른 사람들과 협력하는 것을 문화라고 보는 것은 유쾌하고 흥미로운 세계관이다.

이 모든 것이 여러분이 손에 들고 있는 토마시 비트코프스키의 책을 떠올리게 한다. 이 책은 문화란 세상에 대한 진실된 비전을 만들고 공유하는 것이라는 안일한 개념을 맹렬히 비판한다. 오류, 편견, 왜곡은 개인적, 집단적으로 인간의 모든 사고에 만연해 있다. 실제로 많은 사람이 진리에 대한 집단적 이해를 증진하는 대신 거짓을 조장하고 유포함으로써 인간 사회에서 번영을 누리고 있다.

다채롭고도 재미난 이 책을 읽는 동안 여러분은 (내가 그랬듯) 웃고 신음하고 고개를 절레절레 흔들고 있는 자신을 발견하게 될 것이다. 인간 문화에서 거짓의 범위는 순진한 내 추정을 훌쩍 넘고도 남을 만큼 아주 거대해서 진리를 향한 진보적 믿음조차 흔들리게 될 것이다. 피해자 문화에 대한 그의 통찰력 있는 분석처럼 어떤 측면에서는 거짓이 증가하고 있을지도 모른다.

많은 사회가 집단의식에 깊이 박힌 잘못된 믿음을 갖고 오랫동안 생존해 온 것은 분명하다. 종교가 그런 예를 잘 보여주고 있다. 당신이 한 특정 종교의 진리를 굳게 믿는다면 다른 모든 종교는 거짓이다. 따라서 과거부터 거짓 종교가 수없이 존재해 왔다(각각의 종교는 서로 모순되기 때문에 이는 거의 확실한 사실이다). 오랜 시간 동안 이런 그릇된 믿음을 많은 집단이, 심지어 사회 전체가 공유하고 있다. 실제로 잘못된 믿음에 의문을 제기하는 일부 사람들은 박해를 받거나 사형에 처해지기도 한다.

이 모든 것은 인간의 삶과 사회에서 진실의 역할에 대한 진지한 재평가를 요구한다. 진실을 추구하려는 욕구가 집단의 다른 모든 사람이 믿는 것을 믿으려는 욕구와 경쟁할 때가 있다. 그러나 이조차도 간단하지 않다. 사람들은 대부분 거짓을 기꺼이 받아들이지는 않지만 다른 사람이 진실이라고 믿는 것을 그대로 받아들이고 의문을 제기하지 않는다.

또한 허위 사실을 퍼뜨리고 유지하는 데 관심이 있는 강력한 세력도 있다. 대개 반대 의견이 악의적으로 억압당할 때는 일부 힘 있는 엘리트가 잘못된 견해를 유지하려는 것이라고 의심해야 한다. 결국 당신이 진실의 편에 있다면 반대하는 사람들을 협박하거나 처벌할 필요가 없고 연구를 억압할 필요도 없다. 진실한 이론은 아이디어와 증거의 공개적인 경쟁을 통해 힘을 얻는다. 그러나 당신이 선호하는 견해가 거짓일수록 아이디어를 가지고 자유롭게 노는 일이 더 위험해지며 열린 마음으로 탐구하면 할수록 거짓이 드러날 각오를 해야 할 것이다. 이 원칙은 현대 미국 사회에서, 그리고 사회과학에서도 사라지고 있는 것 같다. 오늘날 많은 곳에서 반대 의견에 대한 억압이 고착화되고 있다.

비트코프스키의 책은 문화적 거짓에 대해 생생하고도 흥미로운 많은 사례를 제공함으로써 진리가 결국 승리할 것이라는 희망을 여전히 고수하면서 그 방향으로의 변화를 열망하는 사람들에게 큰 도움이 된다. 궁극적으로 진실의 승리를 향한 길은 매우 멀며 최악의 경우 절망적일 만큼 차단되어 있다. 사회에 대한 우려와는 별개로 이 책은 유익하고 재미도 있다. 여러분이 즐겁게 또 진지하게 이 책을 읽기를 바란다!

로이 F. 바우마이스터
독일 브레멘에서
2022년 5월

들어가며

한스 크리스티안 안데르센의 동화 《벌거벗은 임금님》에서 뽐내길 좋아하는 임금은 두 명의 재단사를 고용해 새 옷을 짓도록 하는데 사실 그들은 노련한 사기꾼이다. 재단사들은 임금에게 옷에다 특이한 색깔과 무늬를 넣을 뿐만 아니라 아주 특별한 기능을 더해서 무능력한 관리나 멍청한 사람의 눈에는 보이지 않게 하겠다는 약속을 한다. 임금은 특별한 기능이 있는 옷이라는 말에 귀가 솔깃한다. 그 옷만 입으면 멍청한 사람과 현명한 사람을 바로 알아볼 수 있겠다 싶었기 때문이다. 그러나 이런 꾐에 넘어간 임금은 자신뿐만 아니라 온 나라와 백성을 출구 없는 함정 속으로 빠뜨리고 만다. 임금을 위시하여 무능력하거나 멍청하게 보이고 싶지 않았던 사람들은 모두 그 옷이 눈에 보이는 척을 하며 멋지다고 한다. 임금님의 행차가 엄숙히 진행되는 가운데, 한 어린아이가 놀라운 말을 외치며 그 착각의 덮개를 찢어낸다. "와, 임금님이 벌거숭이다!" 그 수치스러운 스캔들은 폭발적으로 퍼져나간다. 모든 사람이 연루된 스캔들이다.

안데르센은 기존 질서에 대한 착각을 일으키는 메커니즘을 풍자했다. 이와 같은 착각은 일상의 사회와 문화를 비롯해 과학, 의료, 심리학 분야에도 넘쳐나 온 우주에 가득하다. 아주 예외적으로 "임금님이 벌거숭이다!"라고 외치는 사람을 발견할 때도 있다. 설령 그런 대담무쌍한 사람이 등장한다 해도 그들은 바로 미쳤다는 소리를 듣거나 정신 질환자 취급을 받게 될 터이다. 왜냐면 그 밖의 모든 사람은 임금님이 걸친 멋진 가운을 명백하게 보고 있기 때문이다. 점점 빨라지는 삶의 속도와 정보의 흐름은 우리로 하여금 너무 맥없이 착각 앞에 굴복하게 만들어 통속적인 추론이나 가치를 바탕으로 행동하고 결정하도록 하며 자동 조정 장치를 켜고 기존의 원칙들을 그저 수용하게 만든다. 이런 전략은 정보의 홍수 속에서 생존하기 위해서는 효과적일 수 있겠으나 언제나 유익한 결과를 가져오는 것은 아니다.

더할 나위 없이 소중한 가치인 관용은 악을 저지르는 사람들에 대해 무심하게 한다. 토론과 다양한 관점에 대한 개방성은 결단력 있는 조치가 필요한 명백한 상황에서는 장애가 된다. 과거의 도덕적 지표는 발전하는 생명공학이나 유전학과 충돌하면서 무용한 것으로 취급받고 있다. 우리가 사바나를 돌아다니던 시대에는 권위를 추종하는 전략이 효과적이었지만 대학이라는 울타리 안에서 더는 작동하지 않아 과학을 타락시키고 있다. 인간에게 스스로 세상의 온갖 생물을 다스리라고 한 성경의 명령이 지구 역사상 제6차 대멸종을 이끌었다. 이 모든 대멸종의 징후는 한 방향을 가리키고 있으며 그 끝에 자리한 자랑스러운 이름, 호모 사피엔스라는 종을 피해 가지는 않을 것이다. 21세기는 우리 모두에게 인류 역사상 전례 없는 정도의 비판적이면서도 독립적인 사고를 하도록 요구하고 있다. 그러나 안타깝게도 회의론으로 알려진 그리스 철학을 대표하는 사람들이 2000년 전에 발전시켰던, 비판적 사고를 위한 도구를 현대의 교육 시스템이나 매체는 제공하지 않고 있다. 만약 차세대 철학자들이 상황을 개선한다면 이러한 도구를 통해 우리는 현실을 가리고 있는 허상의 이면을 보고 우리 문화가 채택한 원칙의 실체를 확인할 수 있을 것이다.

이 책에 실은 일련의 글은 특별히 비판적 사고를 다루고 있으며 특정한 개념을 해체하는 과정에서 비판적 사고를 어떻게 사용하는지 보여준다. 글에서 나는 우리를 둘러싼 배경을 조사했으며 책 속에서 드러난 그런 관찰은 나 자신의 견해가 반영되어 있기는 하지만 많은 자료와 연구 결과를 토대로 잘 입증된 것이다. 자료와 연구 결과는 일반적인 사안을 고려할 때 종종 출발점이 된다. 책에 포함된 글은 보통 《아레오 매거진》 《퀄레트》 《메리온 웨스트》 《컬투리코》 《과학기반의학》 같은 매체에(때로는 좀 더 온화한 버전으로) 발표되었고 일부는 이 책에 처음 실었다.

이 책은 5부로 구성되어 있고 제1부 '현실의 장막 벗기기'는 비판적 사고를 다루는 글로 시작되며 특히 오늘날 토론에서 흔히 사용되는 단순화와 왜곡을 반박할 수 있는 방법을 다룬다. 이어지는 글은 역사를 평가하는 우리의 관점과 우리 시대의 현실에 그 관점을 적용할 때 발생하는 오류를 논한다. 자연주의의 오류 및 일상적인 선택 상황에서 우리가 흔히 저지르는 논리적 오류를 포함하고 있으며 피해자 문화의 진화적인 발생과 그것의 급격한 발달로 인한 결과도 다룬다.

'삶과 죽음의 경계 흐리기'라는 제목을 붙인 2부에서는 자살을 용인하는 문화적 요소뿐 아니라 자살 및 자살 방지법과 같은 가장 심각한 사회적 이슈를 논의한다. 많은 지면을 할애한 마지막 장에서는 법치주의의 근간인 무죄 추정의 원칙과 또 그 원칙을 무너뜨리려 하는 문화적 경향을 살펴본다.

3부 '과학의 제단 무너뜨리기'는 과학에서 권위가 하는 역할과 그 권위를 따라가다 우리가 범하는 과오를 보여준다. 다음으로 오늘날 우리가 모호한 판단에 대해 보여주는 존중이 불러올 결과에 관해 분석했다. 3부의 마지막 장에서 다루는 **제거적 인식론**은 혼란스러운 과학 분야뿐 아니라 우리의 삶, 의학, 예술 분야에서도 매우 중요하고 드문 접근이다.

4부 '대중 심리학의 풍경 헤집기'에서는 다양한 측면을 가진 외로움, 자유 의지와 체화된 인지라는 문제, 흔히 노세보 효과라고 하는, 잘 알려지지 않은 자기 암시가 지닌 부정적 효과를 보여준다. 4부 마지막에서는 저명한 심리학자들이 퍼뜨리는 왜곡에 관하여 다루는데 예를 들어 그들은 우리의 행동이나 성격 특성을 암에 걸리기 쉬운 건강 상태와 연관 짓는다.

마지막에 해당하는 5부에서는 치료 문화의 부상이 초래하는 결과를 보여준다. 그런 결과에는 효과와 유해성을 확인할 수 없는 다양한 심리 치료 학파의 급속한 발달과 그에 따른 경제적 영향, 특히 심리 치료의 윤리적 문제점이 포함된다.

이 책의 글들을 주제별로 실어놓기는 했지만 각 장의 글은 각각 독립적으로 작성한 글이므로 목차와 상관없이 읽을 수 있다.

카펫의 바닥 들춰보기, 그림의 뒷면 보기, 아름답게 싼 개념이라는 내용물의 포장 뜯기, 성자의 미화된 더께에 흠집 내기 같은 일은 언제나 호기심과 짜릿한 흥분을 동반한다. 나는 이 책이 독자의 호기심을 자극함은 물론 짜릿한 흥분을 안겨 줄 것이라 믿으며 나아가 독자에게 우리 삶의 이면을 좀 더 살피고 깊이 들여다볼 수 있는 용기를 주리라 기대한다.

1부

현실의 장막 벗기기

현실은 그것을 믿지 않아도 사라지지 않는 것이다.

—필립 K. 딕

1

가짜 휴머니스트를 조심하라[1]

나는 과학의 역사에서 '모든 사람은 다르다'라는
신념을 신봉해서 이루어진 발견은 단 한 건도 찾지를 못했다.
이런 사실은 언제나 난감함과 무력감을 안긴다.

나는 지금껏 발이 세 개 달렸거나 한 손에 다섯 개가 넘는 손가락이 달린 사람을 만나보지 못했다. 밥 먹을 때도 모두 음식을 입으로 가져가지 코로 들이마시는 사람은 못 봤다. 부상을 당한 사람은 예외이지만 사람에게 눈과 귀가 두 개씩 달려있다는 건 누구나 아는 따분한 규칙성이다. 사람들은 똑같은 방식으로 배설을 하고 언어를 구사한다. 비록 서로 다른 언어를 구사해도 동사와 명사를 사용하며 문장도 비슷하게 구성한다. 누군가를 만났을 때 그가 아무리 먼 산간벽지에서 방치된 삶을 살았다 해도 그가 사람이 아닌 다른 종을 대표하는 존재 같다는 의구심을 가져본 적도 없다. 그럼에도 "모든 사람은 다르다!"라며 확신에 찬 목소리를 내는 사람들을 마주할 때가 있다. 나는 이런 주장을 펼치는 사람들을 '가짜 휴머니스트'라고 부른다.

아마도 그들은 두 발의 길이 차이나 또는 변함없이 코(물론 코의 모양도 크거나 작고 넓적하거나 뾰족할 수 있다)의 양방향 위로 자리한 한 쌍의 눈동자 색깔과 같은 세부적인 것을 생각하고 있을지 모른다. 그러나 내 생각은 좀 다르다. '가짜 휴머니스트'는 여러 이유에서 '다르다'는 말을 입에 달고 산다. 하나는 그냥 아무 생각 없이 사용하는 경우라 굳이 그 이유를 따져볼 가치도 없다. 또 다른 이유는 사람들은 각기 다른 개성이 있다는 항변일 수 있다. 그러나 오직 다름을 통해서만 표현될 수 있다면 그 개성은 초라할 뿐이다.

이런 '식견 넘치는' 진리를 표현하는 이유는 어쩌면 인간의 기능을 이해하는 데 도움이 되는 계율을 아예 부정해야 할 필요성 때문일 수도 있다.

다름이 주는 이점

누가 다름을 필요로 하는가? 별 관련 없는 질문처럼 보이겠지만 언뜻 보기에만 그렇다. 자, 모든 사람은 서로 비슷하며, 다르다 하더라도 대략적으로 몇몇 집단으로 묶을 수 있다는 말에 동의한 직업인에게 어떤 일이 일어났는지 보라. 비슷한 대다수의 사람 발 크기에 맞춰서 신발을 생산하는 제화 공장은 구두장이를 대체했다. 맞춤 신발을 주문하는 사람은 자기 발이 특이해서라기보다는 남들과 달라 보이고 싶은 욕구에 그런 경우가 많다. 마찬가지로 의복에서도 사람의 체형을 몇가지 규격 사이즈로 범주화해 한때 도처에 있었던 일류 재단사는 사라졌다. 치과의사는 어떠한가? 극심한 통증과 고통에서 우리를 구해주는 그들도 환자 치아의 독특함에서 어떤 이득도 보지 않는다. 그저 몸값 높은 장인으로서의 지위에 맞게 반복적인 작업을 수행할 뿐이다. 외과 의사가 자신 있게 어떤 환자의 복부를 가를 수 있는 것은 피부 조직 아래, 앞선 모든 환자와 똑같은 자리에 위장, 충수, 간, 비장이 있다는 깊은 확신 덕분이다.

그러나 우리 가운데에는 휴머니즘의 이상에 충실한 사람들이 있으며 그중에서도 '모든 사람은 다르다!'라는 모토를 자랑스레 내보이는 신봉자가 있다. 그런 신봉자들은 1940년대 미국 심리학자 시어도어 사빈Theodore Sarbin이 박사 논문과 이후 일련의 논문에서 인간의 행동을 예측하는 데는 비판적인 분석보다 통계적(보험 통계적인) 방법이 우월하다는 점을 보여주었을 때 그 반응으로서 생겨났다.[2,3] 사빈은 연구(수집한 데이터를 요약한 표의 결과)를 통해 명확하게 밝혀진 요인들을 비교하면 임상의보다 더욱 정확한 진단을 내릴 수 있다는 점을 보여주었다.

이러한 사실은 임상심리학뿐만 아니라 다른 많은 분야에

도 적용된다. 당시 미국심리학회의 젊고 유망한 회장이었던 폴 밀Paul Meehl도 이에 흥미를 갖게 되었다. 그는 자신의 강연에서 이 주제를 빈번하게 언급했고 후일 그의 강연은 글로 옮겨져 1954년에 다소 온건한 어조의 논문으로 출판되었다.[4] 이 조그마한 소책자 한 권이 10년 전 사빈이 지펴두었던 잔불 위로 휘발유 통을 들이붓는 결과를 낳았다. 그 소책자는 여전히 열띤 논쟁을 일으키고 있다.

사빈의 초기 연구 이후로 통계적 자료에 근거한 정확한 진단(최근에는 컴퓨터와 인공지능의 도움으로)이 전문가가 내린 모든 진단을 능가하며 그 우수함도 체계적으로 자리를 잡아가고 있다.[5] 상황이 이러한데도 전통적 임상 진단을 지지하는 사람이 여전히 압도적인 다수를 차지하며 인공지능 알고리듬 덕에 현대적이고 신속하며 정확한 진단이 나와도 신뢰하지 않는다. 왜일까? 모든 사람이 다르다고 믿기에 그 어떤 기계도 독특한 인간의 경험을 대체할 수 없다고 생각하기 때문이다. 이 대단한 신념 덕분에 환자 다섯 명 중 한 명꼴로 완전히 오진을 받으며 66%의 환자가 재검이 필요하다는 진단을 받았고 초기 진단이 확진되는 경우는 환자의 12%뿐이다.[6] 부정확한 진단이 잘못된 치료로 이어지면서 미국 내에서 연간 25만 명에 달하는 추가 사망자가 발생하고 있다.[7] 더 큰 문제는 정신 건강 문제에 내려지는 오진이다. 2009년 의학 학술지 《랜싯》이 발표한 환자 5만 명의 메타 분석에 따르면 일반의가 제대로 우울증을 진단한 비율은 우울증 환자 중 불과 47.3%뿐이었다.[8]

예술을 예찬하며

의원성 효과, 즉 의료 행위로 유발되는 장애나 질환에 대해 체계적으로 연구할 수 있음에도(문헌 검색만 해봐도 그 주제와 관련한 책이나 논문이 줄줄이 나온다) 심리 치료에서는 관련 논문이 많지 않고 그나마 대부분은 이론에 불과하다. 나는 지금껏 심리 치료에서 의원성 효과를 다루는 책은 단 한 권도 본 적이 없으며 개별 논문의 경우 대부분 이론에 그치는 수준이다. 이러한 이유로 심리 치료는 어쩌면 모두가 다르다는 믿음에 지배당하는 오지와도 같은 분야일 수 있다. 많은 심리 치료사는 단순한 주장을 넘어서 사람은 저마다 다르니까 사람의 심리를 치료하는 일은 과학이 아니라 예술이라고들 말한다. 만약 심리 치료를 예술에 빗대는 말이 비판적 사고의 잣대를 들이대도 무사통과라면 그들은 그 결과 또한 염두에 두어야 마땅하다. 예술과 같이 심리 치료에서도 창작자의 상상력 외에 다른 한계는 없는가? 예술가와 마찬가지로 심리 치료사도 도발하고 충격을 안기는가? 예술가처럼 자신들의 직업을 훈련받을 때 부서진 조각상과 쓸모없는 캔버스 같은 흔적을 남기는가? 예술가처럼 구속받지 않는 자유를 누리는가? 그러나 내 눈에 비친 그들은 비판적 사고를 하기보다는 그저 감흥 없는 '과학'이라는 단어 대신 그럴듯한 '예술'이라는 단어의 후광에 기댈 뿐이고 따라서 그런 빗댐이 내놓는 결과에는 신경을 덜 쓰는 것 같다.

심리 치료사들은 600개가 넘는 치료법(학파)을 고안해 냈다.[9] 이 치료법을 연구하고 그 유용함을 평가하는 일은 차치하고 모든 접근법의 이름이라도 기억할 수 있는 치료사가 있을까? 그건 어느 누구의 능력으로도 할 수 없는 일이다. 그럼에도 심리 치료사들은 계속해서 새로운 접근법을 만들고 있다. 그들은 처음부터 '모든 사람은 다르다'라고 상정했으니 600개의 접근법은 치료를 청하는 환자의 수와 비교하면 별로 대단치도 않다.

내가 여기 서술한, 모두가 다르다는 신념을 유지하는 이유는 기본적으로 흥미롭기는 하다. 그 이유를 통해 문제를 완전히 이해할 수 있는 것은 아니지만 말이다. 우리는 자주 직업 정신의 차원에서 이런 종류의 신념을 수용하기 때문에 의식적으로 해체하지 않는 한 그 신념이 지닌 의미는 드러나지 않을 수 있다. 사람들이 종종 '가짜 휴머니스트'를 마주하는 또 다른 예는 이 사회에서 (또는 한 직업 내에서) 제안된 공공 정책이나 운영 방식에 관해 논의하는 상황이다.

자신의 권리를 위하여

어떤 상황을 가정해 보자. 가령 교육에서 성적을 향상할 수 있는 최선의 방법에 관해 대화를 나누다 먼저 앤드루가 입을 뗀다. "교육에서는 XYZ 접근법이 결과가 가장 좋아. 통계적으로 많은 학생의 성적이 짧은 기간 동안 최소 20%씩이나 향상되었거든." 얼마 안 가서 두 번째 사람인 브라이언이 응수하고 나선다. "그럴 수도 있겠지. 그렇지만 우리가 기억해야 할 것은 모든 학생은 다르고 각자의 상황도 다르다는 점이야. 그러니 우리는 무턱대고 한 가지 방법을 모두에게 적용할 수는 없어."

다소 무미건조한 견해를 주고받은 이후 브라이언은 대화에서 아무런 새로운 의견을 내지 않았음에도 심리적으로 앤드루보다 우위를 차지한다. 왜냐면 앤드루는 모든 사람을 똑같은 서랍 안에 쑤셔 넣으려는 사람이지만 브라이언은 이해심 많고 관대해서 학생들의 다양성을 인지하고 인정하고 있으니 말이다. 브라이언의 접근은 휴머니즘적이다. 반면에 앤드루의 접근법은 기계적이라 모든 사람을 통계치와 숫자로 격하한다. 대화를 지켜본 사람은 브라이언의 가짜 휴머니즘을 정말 배려심 있는 태도라고 잘못 해석할 수 있다. 설령 그렇다 해도 사실 앤드루는 성적이 20% 향상되는 결과를 낳는 해결책을 제시한 반면에 브라이언은 그를 비웃었을 뿐 응당한 해결책은 아무것도 제시하지 못했다.

가짜 휴머니스트는 정책적 제안이나 치료 방법, 심리 치료 요법, 협상 방법, 직원의 사기 진작법, 재활 기술을 포함해 수백 개가 넘는 다른 효과적인 방법을 다 부정해 버린다. 가짜 휴머니스트가 이렇듯 묵살을 일삼는 근거는 그런 제안이 한 명을 넘는 사람에게 적용된다는 점이다. 아마도 이런 이유에서 몇몇 가짜 휴머니스트가 "나는 수학을 몰라"라는 말을 그토록 자주 반복하는가 보다.

내가 알기로 사람은 모두 다르다는 신념이 인간에게 선

사한 공적이 하나 있기는 하다. 그것은 바로 관용이다. 그럼에
도 과학의 역사에서 모두가 다르다는 신념을 추구함으로써 이
루어진 발견은 단 한 건도 보지 못했다. 이는 당연히 난감하고
도 무력한 귀결로 이어질 뿐이다. 왜냐면 우리가 수십억 명의
인류의 발에 맞춰 수십억 켤레의 각기 다른 맞춤 신발을 생산
할 수 없듯 수십억 종의 백신이나 치료법, 교육 시스템 등등을
만들어 낼 수 없기 때문이다. 가짜 휴머니스트가 떠드는 "모든
사람은 다르다!"는 말의 칼끝은 우리를 향해 있다. 우리는 각
자의 출신지가 어디이든, 소소하게 다른 점이 얼마나 많든 그
와 무관하게 서로 비슷하다. 따라서 인간이라면 누구나 똑같
이 누리는 권리 즉, '인권'을 우리 자신에게 부여했다.

2

닭장 속 관점에서 벗어나라

코앞의 일에만 한정된
현실주의는 미치광이의 공상보다 더 위험하다.
표도르 도스토옙스키

땅에서 30cm 높이에서 살며 하루 중 대부분을 곡물과 기타 음식물 찌꺼기를 먹으며 시간을 보내는 농장 닭의 눈으로 바라본 세상은 어떤 모습일까? 글쎄, 내 생각에 닭의 눈에 비친 세상은 우리 세상과 별 다를 바 없을 것 같다. 닭에게 세계는 거대하고 무한하며 경계를 알 수 없고 위험할 것이다. 그 세계는 주기를 관장하는 고등 존재의 지배를 받는다. 그 세계의 삶은 신비로운데 가끔 닭장을 날아올라 일종의 낙원에 도착하는 닭에게 무슨 일이 일어나는지 알려진 바가 전혀 없기 때문이다. 저녁에 황혼이 깃들면 닭은 홰에 앉아 조금 더 넓은 시야에서 세계를 바라본다. 어쩌면 닭은 잠이 들기 전에 세계와 어느 정도 거리를 두고 세계에 대한 개념을 새로이 수정하는 것일까?

앤서니 드 멜로Anthony de Mello의 동화《로열 이글Royal Eagle》에서 한 청년이 독수리의 알을 발견하고 닭장에 넣는다. 닭 사이에서 자란 어린 독수리는 *꼬꼬댁* 소리 내는 법을 배우고 암탉과 수탉처럼 행동하고 심지어 조금밖에 날지 못한다. 어린 독수리는 닭장의 시야를 벗어나지 못한다. 하지만 상상의 나래를 펼쳐서 만약 독수리가 하늘 높이 날아 닭에게 세상에 대한 그들의 개념이 얼마나 잘못된 것인지 말해준다면 과연 닭이 세상을 바라보는 관점을 바꿀 수 있을까? 바로 이 지점에서 나의 환상은 깨지고 만다.

우리가 사는 세상도 이와 매우 흡사해 보인다. 세상에 대한 우리의 지식은 우리가 본 것, 아는 것, 경험한 것에 국한되어 있다. 그 탓에 더 높이 날아오르는 사람들이 세상을 바꾸려고 시도할 때마다 실패하곤 한다. 닭과 우리가 다른 점은 우리의 눈이 땅에서부터 약 1m 반 정도 더 위에 있다는 것이며 어쩌면 이 때문에 우리는 세상을 보는 우리의 시각만이 유일한 진실이라고 100배 확신한다. 울타리를 제거해 버린다면 닭은 아마도 이 사실에 상당히 빨리 적응할 것이다. 반면에 우리의 울타리가 제거된다면 우리는 예전 울타리 주변을 불안하게 막아서며 울타리를 제거한 사람에게 욕설을 퍼붓고 끔찍한 결과가 생긴다고 경고를 날릴 것이다. 제거된 울타리 덕분에 우리가 조금 더 넓어진 땅을 밟을 수 있기까지는 수년이 걸릴 것이며 그사이 우리는 특유의 우월감으로 존재하지 않는 경계에 대해 의심하고 늘 그렇듯 힘없는 사람을 무시할 것이다. 우리에게는 우리 시각을 더 높이 들어 올릴 힘이 없을 뿐 아니라 우리가 수백 년 동안 조롱을 일삼던 사람들과 우리 자신이 닮아 있다는 사실도 깨닫지 못한다.

피고인석에 앉은 동물들

영화 〈돼지의 시간The Hour of the Pig〉에서 뛰어난 학식을 가진 변호사, 쿠르투아는 대도시의 타락과 부패에 염증을 느끼고 중세 파리를 떠난다. 그는 평화로운 일상과 정직한 농민 사이에서 일어나는, 그리 복잡하지 않은 법정 소송을 기대하며 지방으로 향한다. 하지만 기대는 무너진다. 얼마 지나지 않아 그는 곧 자신이 미신과 편견의 미로 같은, 지역 내 음모의 그물망에 빠졌다는 사실을 깨닫는다. 변호인으로서 그는 도시에서는 한 번도 겪어보지 못한 일이지만 지방에서는 일상적으로 일어나는 일, 즉 돼지가 두 명의 유대인 농민을 살해한 혐의로 기소된 사건을 맡아야 했다.

이 영화의 감독은 우리 자신과 거리를 두는 우리의 능력과 '어둡고 원시적이며 미신적인' 먼 과거의 사건을 비웃는 우리의 성향을 완벽하게 이용한다. 우리는 (합리주의라는 점에서) 우리와 가깝고 따라서 현대적인 쿠르투아의 눈을 통해 사건을 바라본다. 우리는 무엇보다도 지방에서의 소박한 삶의 즐거움에 가치를 두어 진리의 제단에 그 즐거움을 바칠 마음이 없는 성직자의 사고에 가까운 무언가를 본다. 판사는 법을 가르치는 정신으로 문자 그대로 영혼 없는 방식으로 의무를 다할 뿐이고 구경꾼은 재판과 처형을 지켜보고만 있을 뿐 그 누구도 동물을 기소하고 책임을 묻는 일에 의문을 제기하고 나서지 않는다.

〈돼지의 시간〉에 나오는 이야기는 허구도 아니고 시나리오 작가의 몽상도 아니다. 중세 시대에는 동물을 법정에 데려가는 관행이 법과 학계의 권위에 의해 승인된 정상적인 일이었다. 주로 프랑스, 독일, 스위스에서 200건 이상의 유사한 재판이 열린 사실이 문헌에 기록되어 있다. 기록 자체가 영원히 사라진 그런 재판은 또 얼마나 많았을지 상상이 어려울 지경이다.[1]

오늘날 우리 사회에서 터무니없는 증거를 받아들이는 그런 기괴한 재판은 벌어지지 않는다. 어쨌든 우리는 인류 역사상 가장 계몽된 시대에 살고 있다. 그러나 지식의 한계를 우주로 옮겼을 뿐 여전히 닭장 안에서 뒤뚱거리며 살아가고 있을 뿐이지 않은가?

카자흐스탄의 암컷 불곰 카티아Katya는 2004년 별개의 사건에서 두 사람을 살해한 혐의로 법원에서 유죄 판결을 받고 수감되었다. 카티아는 코스타나이의 아르칼리크 교도소에서 15년 형을 선고받고 복역했는데 이 교도소는 인간을 대상으로 하는 교도소였다. 2019년 형기가 끝나 곰은 자유를 되찾았지만 결국 동물원에 갇혔다.[2]

현재는 동물이 중세 시대만큼 자주 피고인석에 앉는 일은 없지만 사실 여전히 불행한 사건의 가해자가 될 수도 있다. 그런 상황이 재현된 것이 마시 메클러Marcy Meckler가 쇼핑몰을 상대로 제기한 소송이었다. 그녀는 쇼핑을 마치고 집으로 돌아가는 길에 다람쥐에게 '공격'을 당했다. 자신을 방어하고 도망치려던 메클러는 너무 큰 고통을 겪었고 그래서 쇼핑몰 관리자에게 보상금으로 5만 달러를 요구했다. 쇼핑몰 관리자들이 건물에서 사는 호전적인 다람쥐의 공격 가능성에 대해 그녀에게 경고를 해줬어야 마땅하다고 메클러는 생각했다.[3]

2005년 법정은 더 만만치 않은 일을 마주했는데, 데이비드 블레인David Blaine과 데이비드 코퍼필드David Copperfield라는 두 명의 마술사를 상대로 신이 제기한 소송을 다뤄야 했다. 자신을 신이라고 생각하는 미네소타주 번스빌의 크리스토퍼 롤러Christopher Roller는 마술사들에게 비밀을 밝히거나 평생 수입의 10%를 지불하라고 요구했다. 롤러의 계산에 따르면 코퍼필드가 지불해야 할 금액은 5000만 달러였고 블레인은 200만 달러였다. 그의 주장의 근거는 두 사람 모두 마술에서 '신성한 힘'을 사용하여 물리 법칙을 거슬렀는데 마술사들이 자신에게서 그 신성한 힘을 빼갔다는 것이다.[4]

잉크 얼룩이 말해주는 운세

그러나 우리 시대의 사법 부조리는 소송 열풍과 법이 창출하는 기회의 결과다. 현대의 판사는 돼지를 살인죄로 심문했던 중세 시대의 판사와 마찬가지로 문자 그대로 냉담하게 법을 다룬다. 판사는 자신의 지식이 사건을 결정하기에 충분하지 않다는 결론에 도달하면 해당 분야의 전문가 증인을 부른다. 만약 이 증인이 심리학자라면 100년 된 잉크 얼룩을 꺼내 (예를 들어 자녀를 성추행한 혐의로 기소된) 피고인 앞으로 밀어 넣고 얼룩에서 보이는 것을 말하라고 한다.[5] 전문가 증인이 보아야 한다고 말한 것을 보지 못하면 피고인에게 '소아 성애 성향'이 있는 것으로 간주된다. 이 의견은 의심의 여지 없이 절차에 충실한 판사에게 전달된다. 그러나 판사는 그 의견이 어떻게 도출되었는지, 닭 내장 분석인지, 타로 카드인지, 신뢰할 만한 심리 테스트인지, 아니면 100년 된 잉크 얼룩이 암시하는 연관성에 기초해 도출되었는지에 관해 숙고하지 않는다. 잉크 얼룩에 진술적 가치가 있는지 지난 100년 동안 어느 누구도 확실히 입증하지 못했는데도 말이다.[6] 대부분의 경우 법원의 결정은 전문가 증인의 서명에 따른 결론에 근거하며 그 결론은 피고인의 남은 평생의 운명을 결정지을 수 있다.

믿기지 않는가? 과장된 이야기 같은가? 영화 〈돼지의 시간〉이 아니라 우리 현실에서 일어나고 있는 일이다. 바로 우리 옆에서 말이다. 법원 기록은 그러한 사건으로 가득하며 나는 '로르샤흐 잉크 반점 검사'라고 부르는 바로 그 잉크 얼룩 때문에 삶이 통째로 바뀐 사람을 개인적으로 많이 안다. 양육권 사건에서 아동을 검사할 때 법심리학자의 거의 4분의 1이 주저 없이 100년도 지난 잉크 얼룩 검사를 사용하고 있으며 이

것으로 아동의 미래를 결정한다.[7] 인류 역사상 가장 위대한 계몽의 시대에 축적된 지식을 가진 우리가 그런 과오를 저지르고 있다니 통탄할 일이다. 지금의 닭장에서 벗어나 더 넓은 관점에서 특정 관행을 바라보고 그 부조리와 기괴함을 볼 수 있으려면 우리에게는 백 년도 넘는 시간이 필요할 것 같다. 그때쯤이면 영웅들의 순진한 신념에 의해 우리 편이 양극단으로 갈리는 상황을 코미디 영화로 찍고, 엔딩 크레디트에서 21세기에도 20세기와 마찬가지로 어리석은 미신에 근거한 심리학자들의 의견 때문에 수천 명의 사람이 유죄 판결을 받는 일이 있었다는 사실을 담아낼 수 있을 것이다.

히스테리라는 전염병

잠시 시간을 거슬러 18세기와 19세기로 돌아가 보자. 이 시기는 과학, 기술, 산업이 눈부시게 발전한 시기였다는 점을 염두에 두어야 한다. 이전과는 달리 이 시대의 사람들은 과학이 정상에 올랐다고 확신했기에 한 걸음만 더 나아가면 자연의 가장 위대한 비밀을 알고 그 비밀을 풀 수 있다고 믿었다. 과학에 단단히 매료되어 있던 이 시기에 서유럽에서는 전염병이 퍼져나가 서유럽 여성의 절반 가까이가 감염되었다. 최고의 클리닉과 의과대학의 강의실에서 당대의 가장 저명한 학자들이 학생에게 강직성 발작을 보이는 '히스테리궁ㅋ을 포함해 널리 퍼진 히스테리의 전형적인 증상에 대해 설명했다.[8]

기원전 5세기와 4세기부터 습기를 찾아 방황하는 자궁이 히스테리의 원인으로 인식되었고 이 신념에 감히 의문을 제기하는 사람은 많지 않았다. 치료법으로 가장 널리 권장된 것은 결혼이었으며 히스테리가 심한 경우 자궁을 수술로 제거했는데 이러한 수술 사례는 19세기 후반 영국에서 마지막으로 시행되었다. 조금은 덜 잔인한 다른 히스테리 치료 방법도 있었지만 터무니없기는 마찬가지였다. 그렇기에 그런 치료법을 조롱하는 코미디 영화도 있었다.[9]

그러나 전염병은 마술사의 지팡이에 닿기라도 한 듯 갑자기 사라졌다. 히스테리 백신이나 기적의 치료법이 발명된 것도 아닌데 거의 완전히 사라졌다. 오늘날 히스테리는 진단 매뉴얼에 나오지 않으며 그 증상 중 일부는 해리성 또는 신경증 장애에서 발생한다. 히스테리궁은 단지 과거의 그림에 기록돼 있으며 간질에 수반되는 증상으로 알려져 있을 뿐이다. 그러나 그 개념은 살아남아 일상에서 종종 언어로 표현되는데 상당히 저속한 방식으로 사용된다. 그중 비교적 점잖은 표현이라는 게 감정적으로 다소 좌절감을 느끼는 여성에게 건네는 '당신에게는 남자가 필요해요!' 같은 제안이다.

우리는 사전과 편람에서 히스테리를 삭제해 버렸는데 그것은 수천 년 동안 히스테리로 분류해 온 행동의 실제 근거를 밝혀낸 과학에 대한 겸손을 나타내는 우리의 태도에서 비롯된 것일까? 전혀 그렇지 않다. 우리의 닭장 울타리는 단순히 위치만 바뀌었을 뿐 여전히 우리는 우리가 비웃던 것들을 대체한 신화와 전설을 검증하기를 두려워하며 그 자리에 불안하게 서 있다. 18세기에 히스테리의 발병을 설명하기 위해 고안된 새로운 과학적 개념 중 하나가 '증기'였다. 이는 내부의 체액이 발효 작용을 하는 과정에서 발생하는 연기를 의미했다. 이 연기가 혈관 내부(초기 설명) 또는 신경계(후기 설명)를 따라 이동하는 것으로 추정되었다. 체액이 자주 적절하게 방출되지 않으면 발효로 발생하는 '증기'가 신경계를 통해 뇌에 도달하여 히스테리 발작을 일으킨다고 추측했다. 당시 의사들은 모든 질병의 3분의 1이 신경계에 기반한다고 말했다.

현대판 속죄양

'증기'라는 개념은 언어에도 우리의 의식에도 제대로 정착하지 못했다. 대부분의 심신 문제의 원인으로 여겨지는 '신경'으로 점차 대체되었기 때문이다. 이와 동시에 히스테리는 덜 인기를 끄는 진단이 되면서 신경 약화로 정의된 신경 쇠약으로 대체되었다. 20세기 초에는 '신경 긴장'이라는 개념이 등장했다가 그때까지 알려지지 않았던 '스트레스'라는 단어로 빠르게 대체되었다. 오늘날 스트레스는 인류 역사상 방황하는 자궁, 증기, 신경, 신경 긴장보다 훨씬 더 많은 문제를 설명하는 단어로 쓰이고 있다.

그리고 다시 한번 우리는 닭장 수준에서 조금 더 올라서면서 이런 개념의 어리석음을 인지하게 된다.[10] 결국 그것이 무엇이겠는가? 스트레스 현상을 발견한 한스 셀리에Hans Selye

는 스트레스를 '유기체에 가해지는 과도한 요구에 대한 유기체의 비특이적 반응'이라고 정의했다. 당혹스러울 정도로 동어반복인 정의이다. 더욱 놀라운 것은 스트레스를 측정하는 그의 정밀도이다. 오늘날 알려진 유일한 방법은 '스트레스를 얼마나 받는가'라는 질문뿐이기 때문이다.

얼마 전까지만 해도 스트레스는 위궤양과 십이지장 궤양을 일으키는 주범으로 지목되었다. 현재 우리는 이런 설명이 자궁이 여성의 몸에서 습기를 찾아 돌아다닌다는 것만큼이나 말도 안 된다는 것을 안다. 암 발병의 원인을 적어도 부분적으로나마 스트레스로 돌리려는 시도가 있었지만 안타깝게도 지금까지 이를 입증한 연구는 없다. 또 스트레스가 심장병을 유발한다는 완전히 부당한 비난도 있다. 어떤 장애나 건강 문제의 원인을 찾을 수 없는 모든 상황에서 스트레스가 호출된다. 마치 중세의 돼지들이 비난과 정죄의 대상이 되었던 일과 흡사하다. 진범을 밝히기 위해 철저한 조사를 하는 것보다 피고석에 앉히는 편이 더 편리할 때 그 대상은 여지없이 고소를 당하고 유죄 선고를 받는다. 그리고 이러한 어리석은 신념에 도전하려는 사람은 대중의 맹목적이며 굳건한 믿음에 맞닥뜨리게 되고, 지루한 논쟁보다는 안락한 학문 생활에 더 큰 가치를 두는 학자들의 무관심이라는 벽에 부딪히고 만다.

이 글에 인용된 법적, 심리학적 사례는 닭장 속 관점이 주로 이러한 영역에 주안점을 두고 있다는 그릇된 인상을 줄 수도 있겠다. 그러나 전혀 그렇지 않다. 분명히 대부분의 독자는 자신의 직업에서 이와 비슷한 부조리를 쉽게 발견할 수 있을 것이라 확신한다. 최근까지 우리는 흔들리지 않는 자신감으로 화장품에 방사성 물질을 첨가했었고[11] 잘나가는 신발 매장에서는 발이 신발에 잘 맞는지 확인하기 위해 X선 기계를 설치한 바 있다.[12] 오늘날에도 여전히 우리는 18세기와 19세기 전환기에 발명되어 약국을 가득 채운, 아무리 희석해도 물질의 '기억'을 담고 있다는 동종 요법 약에 막대한 돈을 쓰고 있다. 또한 우리는 치유력이 있다고 믿는 물질에 빈번하게 우리 자신을 중독시키고 있다.[13]

아마도 수백 년 후, 지금은 우리가 가기 두려워하는 닭장의 새로운 구역을 다시 돌아다니며 우리는, 2000년대와 3000년대의 전환기에 살았던 사람들이 얼마나 순진했는지 관대하면서도 조롱하는 마음으로 되돌아보게 될 것이다. 우리는 히스테리를 믿었던 사람들, 동물을 고소하고 유죄를 내렸던 사람들, 잉크 얼룩을 근거로 다른 사람을 판단했던 사람들만큼이나 순진하고 터무니없는 사람들로 기억될 것이다.

하지만 이런 일이 일어나기까지는 수백 년이 걸릴 것이다. 왜냐하면 절대 양도할 수 없는 인류의 속성으로 자신의 닭장이 온 세상이며 그 세계에 대한 관점만이 유일한 참된 관점이라고 우리가 악착같이 믿고 있기 때문이다. 세상에 대한 우리의 경험과 지식이 인류 성취의 정점이라는 확신보다 더 가치 있는 건 없다고 믿기에 우리는 더 많은 것을 보는 독수리 따위는 필요로 하지 않는다.

3

인생에 대해 조언하는 구루에게서
도망쳐라, 너무 늦기 전에

'guru(구루)'라는 단어가 그토록 인기를 끄는 이유는
'charlatan(사기꾼)'이라는 단어의 철자가 어려워서이다.
윌리엄 J. 번스타인

우리 조상은 삶의 중요한 문제에 대해 조언이 필요할 때 선택의 폭이 넓지 않았다. 그들은 종종 치료자의 역할도 수행한 지역의 성직자를 찾아갔다. 경험이 풍부한 사회 지도자나 원로들도 유용했다. 생활이 안정되고 사회적 관계가 더욱 복잡해지면서 학교 교사, 외과의를 겸한 이발사, 고해 신부와 같은 전문 조언자가 등장했다. 하지만 인류 역사상 오늘날처럼 전문적인 조언자의 수가 많았던 적은 없었다. 온라인 어원사전에 따르면 '코치'라는 단어는 1830년경 옥스퍼드대학교에

서 시험을 치르는 학생을 '실어 나르는' 가정교사를 뜻하는 속어로 처음 등장했다. 위키백과에 따르면 현재 코치는 데이트 코칭, 크리스천 코칭, 라이프 코칭 등 수십 가지의 전문 분야를 포괄한다. 이 중 대부분은 지난 20년 사이에 등장했고 경영 컨설팅은 그보다 역사가 훨씬 짧다. 최초의 컨설팅 회사는 1886년에 설립되었지만 컨설팅 서비스에 대한 필요성이 증가하자 20세기 후반에 들어서 폭발적으로 발전했다. 현대의 컨설턴트는 최소 15가지 컨설팅 유형 중에서 하나를 선택하여 자신의 경력을 결정한다.

그러나 이 전례 없는 컨설턴트업의 증가는 심리 치료 현장에서 나오는 조언의 풍부함과 다양성에서 가장 분명하게 드러난다. '가짜 휴머니스트를 조심하라'라는 장에서 언급했듯이 심리 치료는 19세기에 시작된 이래로 현재 600개 이상의 치료 지침을 제공한다.[1] 미국에만 10만 명 이상의 공인 심리학자가 있으며 각 치료 지침을 뒷받침하는 분명한 근거가 없음에도 상당수가 다른 사람들에게 진정한 자아를 발견하는 방법, 자신의 가능성을 최대한 활용하는 방법, 인생을 사는 법을 가르친다.[2,3]

이 외에도 정보에 대한 거의 무한한 접근성 덕분에 우리는 종교가 제시하는 수천 가지 삶의 모델을 검토할 수 있다. 사랑하는 가족과 친구는 종교에 대한 그들의 많고 적은 경험 정도에 따라 삶의 모델이 된다. 학창 시절에 선생님은 우리에게 선생님의 생활 방식을 따르라고 가르쳤다. 서점의 서가를 가득 채운 컬러 잡지와 자기 계발서는 우리가 어떻게 살아야 하는지에 관한 조언을 쏟아 내고 있다. 소위 '유명인'과 미디어 구루는 우리에게 다 따르기도 어려운 많은 조언을 해준다. 직장이나 헬스클럽에서 우리가 만나는 상사와 트레이너도 마찬가지다.

자기 계발과 관련된 조언이 전례 없는 인기를 누리고 있다. 자기 계발서의 누적 판매량은 2013년 이후 6년 동안 11% 증가했으며 2019년에는 1860만 권에 달했다. 심지어 출판된 자기 계발서의 수가 판매량 증가를 앞질렀다. 국제표준도서번호ISBN의 수는 2014년 3만 897개에서 2019년 8만 5253개로 증가했다. 동기 부여 연사이자 작가인 디팩 초프라Deepak Chopra는 자기 계발 업계에서 가장 부유한 사람 중 한 명으로 2020년 그의 순자산은 1억 5000만 달러로 추산된다.[4]

건강을 유지하며 살아가는 방법, 신체 상태를 개선하는 방법, 성장하는 방법, 독학하는 법, 가정을 유지하며 자신의 커리어를 계발하는 방법, 정신 건강을 유지하는 방법, 자기 발전이라는 충만함을 얻고 영적인 삶을 사는 방법 등을 알려주는 이정표가 곳곳에 세워져 있다. 우리의 상상 속에서 이런 조언의 보고는 꼭 누구도 합리적인 선택을 할 수 없는 엄청난 규모의 쇼핑센터 같다. '어떻게 살아야 하는가'에 관하여 이토록 끝도 없이 쏟아져 나오는 모든 제안에 익숙해지기에는 우리의 삶이 너무 짧고 설령 모든 제안을 알뜰히 다 흡수하고 소진할 만큼 오래 산다고 해도 그 사이 열성적인 판매원이 새로운 명제로 진열대를 계속 채우는 탓이다. 이렇듯 복잡한 선택의 고민은 우리 조부모 시대의, 작은 동네 가게에서 즐기던 조용한

오후의 쇼핑을 그렇게 한다. 그때는 신상품이 거의 2년에 한 번꼴로 나오던 시절이었다.

오늘날은 선택 그 자체만이 문제는 아니다. 선택의 방법을 고르는 일도 하나의 문제가 되었다. 합리적 방식으로 살기 위해서 모든 것을 검토할 수는 없기 때문이다. 아예 들어가지 말아야 할 상점, 우리가 찾는 물건이 있을 확률이 높은 상점을 알고 있어야 한다. 삶의 방식 자체에 대한 조언보다는 훨씬 적지만 선택하는 방법에 관한 이런 메타적 조언도 많이 있다. 그것은 자신의 라이프 스타일에서 전통적인 규칙을 채택하거나 우리가 영적 지도자로 인정하는 사람의 조언을 따르는 형태를 취할 수 있다. 상당히 인기 있는 (그 나름대로 합리적인) 방법 중 하나는 우리가 가치 있는 삶이라고 생각하는 우상을 모방하는 것이다. 여기서 말하는 우상이란 대중 문화 아이돌만을 의미하는 것은 아니다. 록스타나 축구 선수, 선교사, 교사, 또는 과학자가 될 수도 있다. 우리가 선택한 권위자의 삶과 우리가 구현하고자 하는 가치를 비교하면서 결국 선택을 내리는 주체는 우리 자신이다.

과학적 이정표

저마다 방향을 알리는 이정표로 가득한 밀림 같은 이곳에서 현실에 회의적인 태도를 지닌 식자 중 상당수는 과학과 연구 결과가 제시하는 길을 찾으려 노력한다. 오늘날 증거에 근거한 실천이 인기를 끌면서 이러한 접근 방식은 상당히 합리적으로 보일 수 있다. 유행하는 다이어트법을 선택하는 것보다 연구 결과에 의해 효과가 확인된 다이어트를 따르는 것이 더 낫지 않을까? 전통에 뿌리를 둔 할머니의 조언을 듣는 것보다 건강에 좋은 것이 무엇인지 알려주는 교육받은 의사의 말을 듣는 것이 더 유리하지 않을까? 호의를 가진 친구보다는 심리학자가 인생에서 무언가를 성취하는 방법에 대해 더 많이 알려주지 않을까?

어쩌면 우리는 과학의 합리주의에 취해서 과학이 넘어설 수도 들어갈 수도 없는 경계가 있다는 사실을 쉽게 망각해 버리는지도 모르겠다. 우리는 판결의 특권을 가지고 과학에 쉽게 막대한 돈을 쓰지만 과학은 판결 자체가 일어나지 않는 분야다. 이러한 환상적 특성을 인식하기 위해서는 사회과학의 언어에 정착한, 언뜻 무해하게 보이는 정의를 살펴볼 필요가 있다.

그중 하나가 철학자 키르케고르가 인문학에 도입한, 자아실현이라는 개념으로 후일 휴머니즘적 심리학자에 의해 채택되어 강조되었다. 이제 우리는 이 개념을 일상적으로 사용하며 대부분 자신의 잠재력을 실현한다는 의미로 이해한다. 하지만 볼테르의 풍자 소설 《랭제뉘L'Ingenu》에서 문명에 오염되지 않은 주인공 랭제뉘의 관점에서 생각해 본다면 다음과 같은 질문이 떠오를 것이다. 우리의 어떤 잠재력을 말하는 것일까? 한 개인에게 내재된 모든 것이 잠재력인가? 범죄 성향은 어떤가? 범죄 성향은 개인에게만 나타나는 특성일까, 아니면 모든 사람에게 공통적으로 나타나는 증상일까? 자아 실현에는 결말과 목표가 있을까? 마지막 질문에 대한 답이 '예'라면 자아 실현을 달성했는지 여부와 그 시기는 누가 결정할까? 어떤 사람이 자아 실현을 이루었고 어떤 사람은 그렇지 않은지 어떻게 알 수 있을까? 마지막으로 근본적인 질문은 만약 우리가 어떤 종류의 과업을 수행하고 있다면 그 과업은 사람의 생의 여러 과업 사이에서 어디쯤 자리매김하고 있는 걸까?

과학은 이러한 질문에 대한 답을 알지도 못하거니와 찾고 있지도 않다. 왜냐하면 그것은 과학의 목적이 아니며 더 나아가 과학은 그에 필요한 도구도 없기 때문이다. 그러나 우리가 답을 찾기를 고집한다면 이 영역에서 판단의 특권은 전적으로 심리 치료사와 심리학자에게 넘어갔다는 사실을 알게 된다. 따라서 과학에 뿌리를 두고 있다는 확신으로 자아 실현을 달성하는 방법에 관한 조언을 구할 때 우리를 안내하는 것은 바로 그들이다. 그러나 그들은 진실과는 거리가 멀다. 부정확하고 불명확하며 모호한 개념은 흙탕물에서 헤엄치며 쓸데없이 난해한 답을 대는 사람들이 점령하는 환경을 만들어 버린다. 미국의 저명한 심리학자 칼 로저스Carl Rogers는 자아 실현을 개인의 자아 개념이 성찰과 다양한 경험의 재해석을 통해 유지되고 강화되어 개인이 회복, 변화, 발전할 수 있도록 하는 평생에 걸친 지속적인 과정이라고 설명했다.[5]

진정한 자아, 참된 자아, 자아 성취, 자아 실현, 진정한 관계, 진정한 사랑 등 해체가 필요한 유사한 용어는 심리학 및 심리 치료에서 무수히 많이 찾을 수 있다. 그 용어들은 과학이 요구하는 엄밀성에 저항하며 철학, 신학, 종교의 영역에 남아 있는 삶의 의미를 찾고자 하는 필요로 발생했다. 이 영역의 혼돈을 정리해 보려 노력하는 과학자는 소수이고 또 그들의 노력은 종종 과소평가된다.[6]

과학으로 포장된 '프로크루스테스의 침대'

규범적 영역에서 과학을 모방하는 사이비 과학적 개념은 까발리기가 훨씬 어렵다. 우리는 흔히 정상과 비정상적인 행동에 대해 말한다. 실제로 우리는 의식적이든 아니든 평균적인 행동과 평균적이지 않은 행동을 설명하는데 그 이유는 이러한 개념이 산술평균, 정규분포, 표준편차를 사용하기 때문이다. 그러나 정상과 비정상이라는 개념은 문화가 만들어 낸 것이다. 환청은 드문 행동일까, 아니면 비정상적인 행동일까? 정신질환환자단체인 목소리 듣기 네트워크The Hearing Voices Network는 우리 가운데 존재하는 극소수의 천재가 비정상적인 사람이 아닌 것처럼 환청이 비정상적이지 않다고 주장한다. 물론 환청이나 엄청난 수를 외우는 경이로운 기억력은 정신 질환과 관련이 있을 수 있지만 둘은 같지 않다. 어떤 것이 병인지 아닌지 평가하고 의미를 부여하는 것은 바로 문화이다.

이런 사실은 지능과 성행위의 비교를 통해 완벽하게 설명할 수 있다. 두 가지 모두 정규분포로 설명된다. 우리는 성욕이 낮은 사람뿐 아니라 IQ가 낮은 사람을 특별히 돌보고 있다.

학습에 어려움을 겪는 사람에게 전문적인 교육과 지원을 제공하는 한편 성욕이 낮은 사람에게는 성욕 감퇴 장애 진단을 내리고 심리 치료 또는 약물 치료를 처방한다. 그러나 참 흥미롭게도 우리는 평균 이상으로 높은 지능을 가진 사람을 존경하는 탓에 높은 지능이 장애라는 생각은 하지 않지만 평균 이상으로 성행위를 하는 사람은 섹스 중독자로 진단하고 약물 치료를 받도록 권고한다. 그런 조언은 과학과는 아무런 관련이 없다. 평균 이상의 성행위는 평균 이상의 IQ가 특별한 재능인 것과 마찬가지로 능력이다. 우리 문화가 전자를 받아들이지 않고 지능이라는 능력만을 받들어 모시는 것은 과학적 근거가 전혀 없다.

실제로는 그저 평균값에 불과한 규범을 더욱 위장하려고 **적응적** 행동 대 **부적응적** 행동이라는 정의로 대체한 것이다. 이것이 훨씬 더 나은 것처럼 들리지만 새로운 것은 아니다. 행동은 우리 대다수가 무엇을 받아들이고 받아들이지 않느냐에 따라 적응적일 수도 있고 부적응적일 수도 있다. 우리는 날마다 몇 시간씩 폭력과 타인의 죽음을 다룬 영화를 보며 보내는 것을 두고 부적응 행동이라고 말하지는 않는다. 그러나 지구상에 사는 대다수 성인이 침실에서 하는 행위를 찍은 영화를 몇 시간씩 보고 있다면 우리는 그것을 확실히 부적응 행동이라고 말할 것이다. 우리는 첫 번째 영화를 오락물이라 하고 두 번째는 포르노그래피라고 부른다.

사회문화적 규범과 관련하여 공식화된 조언 중 어느 것도 과학과는 아무런 관련이 없다. 그것은 항상 다수가 지닌 가치를 말하며 과학으로 포장된, 침대 길이에 맞추어 다리를 자르거나 늘이는 야집인 '프로크루스테스의 침대'에 불과하다.

과학으로 검증되지 않은 이 모든 조언 중에서 짧지만 더 강렬하게 사는 법을 알려주는 조언은 찾아볼 수 없다. 긴 수명이 강렬한 삶보다 더 가치 있다고 보기 때문이다. 우리는 하나의 목표에서 다음 목표로 나아가는 삶의 행군을 답습할 뿐 놀라운 인생을 살기 위해 무엇을 해야 하는지에 대한 답은 찾지 못한다. 목표를 실현하는 것이야말로 문명이 우리에게 내리는 문화적 명령이기 때문이다. 마찬가지로 우리는 무익한 사색이나 휴식, 기타 쓸데없는 일에 시간을 낭비하지 않고 업무에 전념할 수 있는 효과적인 방법을 부질없이 찾으려 한다. 그런 행동은 치료가 필요한 일종의 장애, 일중독으로 정의되는데도 말이다. 상황이 이렇게 된 것은 객관적이고 과학적으로 보이는 조언이 특정 이데올로기를 수행하기 위해 만들어졌기 때문이다. 오직 그 이데올로기와 관련해서만 우리의 행동이 '적응적'인지, 우리의 관계가 '독성'인지, 그런 것을 멈추기 위해 무엇을 해야 하는지 이야기하는 것이 합리적이다. 그러나 무엇에 대해 '적응적'이란 말인가? 어떤 체계를 참조해서 '독성'이 있다고 말하는가?

몇 주 전 한 여성 기자가 다가오더니 내게 질문 하나를 던졌다. 그 질문은 이러했다. "아이들의 수업 외 특별 활동에 얼마나 많은 시간을 투자해야 할까요?" 나는 그 질문의 숨겨진 의미를 찾아내기 위해 예외적으로 대답 대신 질문을 했다. "그럼, 당신 생각에는 노예는 하루에 몇 시간을 일해야 할까요?"

아이가 특별 활동에 보내는 시간에 대한 조언을 이처럼 무분별하게 요청하는 데는 그런 시간이 어쨌든 필요하다는 가정이 숨어 있는 것이다. 글쎄, 특별 활동 시간은 아이를 자라게 하고 아이의 행복에 기여하고 부모나 조부모와 뒷마당에서 노는 시간보다 더 낫고 그래서 미래에 더 좋은 위치를 얻는 데 도움이 될지도 모르겠다. 그러나 우리는 이미 받아들인 가치에 따라 현재의 행복과 미래의 지위를 측정한다. 아마도 수년 후 누군가는 이 질문을 어떤 사람이 다른 사람의 노예가 되었을 때 노예의 노동 시간을 놓고 벌이는 토의만큼이나 터무니없는 질문으로 간주할 것이다. 하지만 수백 년 전에는 아무도 이를 부조리로 알아차리지 못했다. 따라서 과학에 근거하고 경제적으로 정당화될 수 있는 합리적인 해답을 찾아야 했다.

흄의 단두대를 급진적으로 절단하기

따라서 우리가 살아야 할 방식에 관한 일부 조언이 과학에 뿌리를 둔 것처럼 보이지만 그 속에 포함된 숨은 가정을 완전히 털어낼 수는 없다. 특히 '사회과학'으로 분류되는 분야도 같은 부담을 안고 있다. 우리는 매우 자주 그러한 가정을 아무 생각 없이 받아들인다. 그렇게 하면 우리는 과학에서 중대한 죄악 중 하나인 자연주의의 오류에서 한 발짝도 벗어나지 못하게 된다. 자연주의의 오류는 설명과 규범적 평가 사이의 얄팍한 경계를 넘나든다. "연구는 과도한 스트레스가 건강에 부정적인 영향을 미치므로 이를 피해야 함을 보여준다.” 이것은 어디에선가 들은 연구 결과를 바탕으로 무심코 만들어 본 일반적인 권고 사항의 한 예시다. 여기에 그 어떤 과학적인 것이 있다면 그것은 단지 첫 번째 (설명적인) 부분일 뿐이다. 과학에는 우리가 해야 할 일을 발견하는 도구 같은 것은 없으며 그것에 대해 가르쳐 주지도 않는다. 몇몇 사상가는 과학의 이런 특성에 주목하여 과학자들이 소위 규범적 판단(우리가 무엇을 해야 하는지 알려주는 판단)을 내리는 것에 대해 경고한다. 이 문제에 대한 가장 잘 알려진 해결책 중 하나는 설명적 진술과 규범적 판단을 근본적으로 분리해야 한다는 ‘흄의 단두대 Hume's guillotine’다.

그러므로 우리는 “연구에 따르면 동물에게 가해지는 통증의 결과로 동물이 고통받는다는 사실이 밝혀졌다”라는 언급은 할 수 있다. 그러나 과학에는 “따라서 우리는 의식적인 도살을 허용해서는 안 된다”라는 문장을 추가할 수 있는 권한이 없다. 이러한 책임은 과학적 연구 결과에서 나온 것이 아니라 그런 문장을 쓴 저자의 가치 체계에서 비롯된 것이다. 우리는 “일반적으로 스트레스라고 하는 지나치게 과도한 감정을 피하는 것이 더 나은 건강 상태를 유지하는 데 도움이 된다”라고 말은 할 수 있다. 하지만 과도한 스트레스를 피해야만 한다고 권장할 전제는 전혀 없다. 극한의 감정을 경험하며 혼자서 전 세계를 항해한 사람의 삶이 최상의 건강을 유지하며 일상 업무를 수행하는 사람의 삶보다 더 나쁘다고 판단하는 과학이 있다면 그게 대체 무슨 과학일까?

피상적인 정당화

그럼에도 일부 과학은 이런 일을 할 수 있는 척하며 승인되지 않는 말을 한다. 심리학자가 쓴 많은 책에는 이런 주장이 넘쳐난다. "미래를 지향하는 사람은 과거를 지향하는 사람들보다 삶에서 더 큰 만족을 얻는다." 그렇지 않다. 미래를 지향하는 사람이 자신의 삶이 만족스럽다고 말하는 이유는 아무도 만족도를 객관적으로 측정할 방법을 개발하지 못했고 앞으로도 개발하지 못할 것 같기 때문이다. 또 다른 문장을 보자. "쾌락주의적 성향을 가진 사람은 자신의 삶을 통제하지 못한다." 이 경우 우리가 말할 수 있는 것은 통제력 부족을 측정할 수 있는 객관적인 지표가 없기에 그러한 성향의 사람은 단지 자신의 삶에 대한 통제력이 부족하다고 느낀다는 것뿐이다. 그런데 왜 우리는 사람들이 하는 말을 의심해야 할까?

그 해답은 과학적 연구 결과에서 찾을 수 있다, 인간은 다른 어떤 존재보다도 자신과 주변 사람을 속일 수 있는 교활한 존재라는 사실이 여러 차례 밝혀졌다. 1975년에 수행한 연구 프로젝트 중 하나에서 스티븐 웨스트Stephen West와 얀 브라운Jan Brown은 동일한 실험을 두 가지 다른 방식으로 수행했다. 첫 번째 버전에서는 사람들에게 특정 상황을 묘사하며 당신이라면 어떻게 행동할 것인지 물었다. 두 번째 버전에서는 상황을 단순히 묘사하는 것이 아니라 연출을 했다. 사고의 피해자로 추정되는 사람이 길거리에서 지나가는 사람들에게 근처 병원에서 치료를 받게 돈을 달라고 요청하는 상황이었다. 첫 번째 버전에서 도와주겠다고 호기롭게 말한 금액이 두 번째 버전에서 '피해자'에게 실제 주어진 돈보다 훨씬 더 후했다는 사실이 밝혀졌다. 또한 피해자의 매력이 돕겠다는 언명을 하는데는 큰 영향을 미치지 않았지만 실제 기부에는 상당한 영향을 미쳤다.[7] 마찬가지로 사람들이 어떻게 느끼고 행동할 것인지 또는 어떤 결정을 내릴 것인지에 대한 예측은 가치가 없는 것으로 판명되었다.[8,9]

그러나 일부 심리 치료사와 동기 부여 연사, 즉 어떻게 살아야 하는지에 대한 답을 전문적으로 제공하는 사람들의 마음속에 (과학적 정확성의 관점에서) 비슷하게 엉성한 진술이 들어가면 과학에 근거했다고 말하는 '좋은 삶'의 인상적 모델이 등장한다. 이 중 가장 미디어 친화적인 사람은 구루의 옷을 입고 마치 과학적 계시를 받은 것처럼 세상에 자신을 선포한다.

사는 법을 논한 이 장은 이미 존재하는 광대한 조언에 또 몇 가지를 더하지 않고는 완성되지 않을 것이기에 나도 조언을 하겠다. 독자 여러분, 과학의 성과를 이용하여 자신의 활동이 어떤 결과를 낳는지 확인하되 부디 의구심을 갖고 숨겨진 가정을 파악하고 피상적 검증을 거부하며 신중하게 과학을 활용하길 바란다. 여러분에게 사는 법을 말하는 사람이 있다면 그의 나이, 직위, 학력, 지위, 성별, 재산, 직책에 관계없이 무조건 조심하라. 여러분의 생명이 죽음을 향해 가는 그 마지막 순간에 삶을 되돌아보고 자신만의 척도에 따라 삶에 대한 평가를 내리는 사람은 바로 당신 자신이다. 어떤 전문가도 당신을 대신할 수 없다. 그러니 너무 늦기 전에 그들을 거부하라.

4

피해자가 됨으로써
승리하는 사람들[1]

스스로를 피해자 또는 차별받는 집단이라고
생각하는 모든 집단을 합치면
그 수치는 거의 인구의 400%가 될 것이다.

2013년 8월 2일, 영국 레스터셔에 사는 14세 소녀 해나 스미스Hannah Smith가 수개월 동안 인터넷에서 괴롭힘을 당한 후 스스로 목숨을 끊는 일이 발생했다.[2] 그녀는 소셜 네트워크 서비스 애스크에프엠Ask.fm에서 잔인한 메시지를 받아왔다. 소녀의 부모에 따르면 사이버 괴롭힘이 자살의 주요 원인이었다. 처음에는 서비스를 관리하는 사람들이 조사를 방해했다는 사실 때문에 이 가설이 확실한 것처럼 보였다. 그러나 얼마 후 해나가 받았던 공격적인 메시지가 바로 자기 자신이 보낸 것이었다는 증거가 드러났다. 전송된 정보를 분석한 결과 메시지의 98%가 해나가 사용하던 컴퓨터의 인터넷 프로토콜IP 주소에서 발송된 것이었다.

이 비극적인 사건의 뒷이야기는 플로리다에 있는 사이버 괴롭힘연구센터의 사미르 힌두자Sameer Hinduja 연구진의 연구 프로젝트에 영감을 주었다. 연구진이 약 5500명의 청소년 집단에 대한 분석을 마쳤을 때 힌두자는 놀라움을 감추지 못했다. "우리는 이 문제를 경험적으로 연구했는데 중고등학생 20명 중 1명이 온라인에서 스스로를 괴롭힌 적이 있다는 사실을 발견하고 깜짝 놀랐다. 거의 15년 동안 사이버 괴롭힘을 연구해 왔음에도 불구하고 이런 결과는 전혀 예상치 못한 것이었다"라고 말했다.[3]

흥미롭게도 사이버 괴롭힘을 당한 적이 있는 피해자의 경우 다른 사람에게서 혐오를 경험한 적이 없는 사람에 비해 자기 공격적 행동이 12배 더 빈번하게 나타났다. 피해자 중 거의 절반(48.7%)가량이 한 번 이상 디지털 자해를 시도했다. 연구 대상 청소년들은 피해 당사자라는 지위를 얻는 것이 너무 만족스러워서 자신을 괴롭혀서라도 그 지위를 유지하려 했던 것일까?

힌두자와 동료들은 또한 온라인에서 서로를 괴롭힌 청소년의 절반 이상이 한 번 이상 디지털 자해를 했다는 사실을 발견했다. 남학생(7.1%)이 여학생(5.3%)에 비해 디지털 자해를 더 자주 보고했다. 이러한 행동을 한 이유를 묻는 질문에는 다음과 같은 답변이 포함되어 있었다. "저는 이미 제 자신 때문에 기분이 너무 나빠서 스스로를 더 나쁘게 만들고 싶었어요." "누가 정말 내 친구인지 확인하고 싶었어요." 그러나 다른 사람에 대한 공격적인 행동을 정당화하기 위해서 또는 다른 사람의 반응을 보고 싶어서 재미 삼아 그런 행동을 했다고 주장하는 청소년도 있었다.

디지털 자해 문제를 강조한 연구는 위에서 설명한 연구가 처음이 아니다. 2012년 미국 브리지워터주립대학교의 엘리자베스 잉글랜더Elizabeth Englander는 617명의 고등학교 신입생을 대상으로 설문 조사를 실시한 결과 10%에 달하는 10대 청소년(여학생 8%, 남학생 17%)이 온라인상에서 스스로를 괴롭히고 있다는 사실을 발견했다. 디지털 자해를 하는 이유를 분석한 결과 다음과 같이 밝혀졌다. 그들의 목적은 다른 사람들이 자신을 보살피도록 조장하거나 자신이 얼마나 '강인한' 사람인지 증명해 보이려 하거나 어른들의 관심을 자신에게로 끌기 위해서였다.[4]

덴버의 아동심리학자 셰릴 곤잘레스-지글러Sheryl Gonza-lez-Ziegler는 자신이 조언하는 청소년 사이에서 이러한 문제가 점점 더 커지고 있음을 확인하고 이는 신체적 자해와 유사하다고 지적했다. 그의 의견에 따르면 이러한 행동은 관심을 끌고 어른들의 보살핌을 받고 동정을 얻고자 하는 욕구에서 비롯된다고 한다.[5]

"될성부른 나무는 떡잎부터 알아본다"

청소년들이 피해자의 지위를 얻기 위해 사이버 공간에서 자해를 서슴지 않는다면 어른이 되어서도 가짜로 타인이 자신을 괴롭힌다고 말하고 싶은 충동을 자제할 수 있을까?

흑인 배우 주시 스몰렛Jussi Smollett은 남성 2명을 고용해 자신을 공격하게 한 후 2019년 1월 29일 자신을 인종차별 및 동성애 혐오 공격의 피해자로 경찰에 직접 신고를 했다.[6] 그는 즉시 언론의 관심과 여론의 중심에 서게 되었다. 안타깝게도 조사 결과 이 공격은 스몰렛 자신의 아이디어였고 그뿐만 아니라 그 전주에 받은 협박 편지 역시 스몰렛이 보낸 자작극으로 드러났다. 스몰렛의 아이디어는 세계적인 관심을 끌 방법을 찾은 한 배우의 기괴하고 고립된 장난이었을까?

이 질문에 대한 해답은 정치학 교수인 윌프레드 라일리 Wilfred Reilly의 저서 《증오 범죄 사기Hate Crime Hoax》에서 찾을 수 있다. 그는 책에서 346건의 증오 범죄 혐의를 분석했는데 그 결과 진짜 증오 범죄는 3분의 1 미만임을 밝혀냈다. 또한 그는 100건에 가까운 유명한 가짜 증오 범죄 사건을 자세히 기술했는데 이런 조작된 사건의 대부분은 대학 캠퍼스에서 발생한 것으로 추정된다. 왜 그토록 많은 미국인이 증오 범죄를 조작하는지 조사하자 대중의 믿음과는 달리 다소 충격적인 결론이 나왔다. 증오 범죄가 유행하는 것이 아니라 전례 없는 증오 범죄 사기가 유행하고 있다는 것이다. 이러한 현상이 발생하는 주된 이유 중 하나는 '피해자'가 대중의 관심과 지지를

얻기 때문이다.[7]

　연구는 또한 사기와 허위 고소가 판치는 것이 증오 범죄만이 아님을 보여준다. 2015년 호주 학자 클레어 E. 퍼거슨Claire E. Ferguson과 존 M. 말로프John M. Malouff가 실시한 메타 분석에 따르면 신고된 강간 사건 중 5.2%가 명백히 허위인 것으로 나타났다. 그러나 저자들은 이번 분석이 조사 과정에서 확인된 허위 신고만을 고려했다는 점에 유의해야 한다고 지적한다. 확인되지 않았거나 알 수 없는 이유로 취하된 고발까지 고려한다면 전체 허위 신고 비율은 5%보다 훨씬 더 높을 것으로 보인다. 실제로 확인되지 않은 강간 혐의와 관련된 다른 신고 건수는 수십 퍼센트에 달한다.[8]

피해자, 진화 게임의 승자

　자신을 피해자로 만들어 다양한 이점을 얻는다는 것은 삶이 지루하고 소셜 미디어에 중독된 밀레니얼 세대와 Z세대 사이에서 21세기에 갑자기 나타난 개념이 아니다. 사실 그런 개념은 인간만의 특성도 아니다. 수십 년 전 동물행동학자는 불행한 우연에 의해 나쁜 일을 당한 각 개체는 무리의 다른 구성원이 베푸는 지원을 받는다는 흥미로운 사실을 밝혀냈다. 오스트리아의 동물학자 이레네우스 아이블-아이베스펠트Irenäus Eibl-Eibesfeldt는 번식지에서 날개가 하나뿐인 성체 군함새를, 또 다른 번식지에서는 눈이 먼 성체 펠리컨을 발견했다. 두 개체

모두 연구원이 발견하기 훨씬 전에 불구가 된 상태였으며 이는 약자로서 다른 새들의 도움을 받았다는 사실을 나타낸다.[9]

동물들은 허약하고 장애가 있는 상태, 피해자의 지위를 교묘한 방식으로 이용한다. 아이블-아이베스펠트는 구더기의 습성을 설명했는데 수컷은 높은 지위에 있는 개체의 공격성을 완화하기 위해 빌린 새끼를 이용한다. 많은 포유류도 겸손과 복종을 표현하는 타고난 행동 패턴을 효과적으로 활용한다.

피해자라는 상태를 전달하는 능력은 진화적 관점에서 매우 중요하다. 그 능력은 어려운 상황에서 생존을 보장한다. 사람들은 서로 다른 많은 문화권에서 살지만 아주 비슷한 몸짓과 통곡 소리로 울며 항복을 드러낸다. 청각과 시각 장애를 가지고 태어난 아이들도 울 수 있다는 것은 중요한 사실이다. 하나의 문화 속에서 발달한 항복의 몸짓에서도 선천적인 요소를 발견할 수 있다. 자신의 항복을 드러내는 개인은 무릎을 꿇고 절을 하는 동작 같은 것을 통해 더 작아지려고 한다. 이러한 제스처는 때때로 무력하고 약한 어린아이와 같은 행동을 동반하며 그 목적은 공격성을 억제하는 보호 본능을 일깨우는 것이다.

저명한 인류학자 새라 허디Sarah Hardy에 따르면 인간의 지능과 사회화의 진화는 타인을 배려하고 그들의 욕구를 이해하는 능력과 타인으로부터 보살핌을 받는 능력이라는 두 가지 주요한 특성에 기반을 두고 있다. 이러한 특성은 적어도 호모 에렉투스가 출현한 시점, 즉 200만 년 전부터 우리 종을 구별 지어 왔다.[10]

문화인류학자 마거릿 미드Margaret Mead도 비슷한 의견을

가졌다. 전해오는 일화에 따르면 미드는 학생들에게 문화 속에서 문명의 첫 번째 발현이 무엇이냐고 물었다,

미드는 고대 문화에서 문명의 첫 번째 징후는 부러졌다가 치유된 대퇴골(허벅지뼈)이라고 말했다. 미드는 이렇게 설명했다. 동물의 왕국에서는 다리가 부러지면 죽는다. 위험에서 도망칠 수도 없고 강에 가서 물을 마시거나 먹이를 사냥할 수도 없다. 대퇴골이 부러졌다가 치유됐다는 것은 누군가 그 넘어진 사람 곁에서 시간을 내어 함께 있었고 붕대로 상처를 감싸주었고 안전한 장소로 옮겨서 회복될 때까지 돌보았다는 증거이다. 어려움에 처한 다른 사람을 돕는 그 지점에서 바로 문명이 시작됐다고 미드는 말했다.[11]

명예의 문화에서 피해자의 문화로

피해자 역할을 하는 것이 고대의 효과적인 진화 전략이라면 과학자는 왜 청소년의 디지털 자해 행위를 발견하고 놀랐을까? 그리고 연구자가 우려하는 허위 고소의 근원은 무엇일까? 이러한 질문에 대한 답은 밝혀진 현상의 규모에 있다. 피해자 역할을 하는 것은 동물과 인간 모두에게 오랫동안 존재해 왔지만 이는 상황에 따른 전략에 불과했다. 직업상 거지 행세를 하는 사람을 제외하면 보통 사람들은 영구적으로 피해자로 낙인찍히는 일을 꺼렸다. 그렇지만 현대 문화에서는 피해

자 되기가 점점 더 매력적인 삶의 선택이 되고 있는 것 같다.

이러한 경향을 처음 시사한 사람은 미국 저널리스트 찰스 사이크스Charles Sykes다. 1992년 저서 《피해자의 나라: 미국 인격의 쇠락A Nation of Victims: The Decay of the American Character》에서 그는 피해자 또는 차별대우를 받는다고 여기는 모든 집단을 합치면 당시 미국 인구의 거의 400%에 달할 것이라고 추산했다.[12] 심리학자 타나 디닌Tana Dineen은 《피해자 양산: 심리학 산업이 사람들에게 하는 일Manufacturing Victims: What the Psychology Industry is Doing to People》이라는 제목의 책에서 심리학 산업이 피해자 전략의 확산에 기여하는 방식뿐 아니라 그 규모도 보여주었다.[13] 그러나 피해자 문화라는 주제는 2018년 미국 사회학자 브래들리 캠벨Bradley Campbell과 제이슨 매닝Jason Manning이 《피해자 문화의 부상The Rise of Victimhood Culture》을 출간하기 전까지 크게 논의되거나 주목받지 못했다.[14]

캠벨과 매닝은 피해자 문화가 도덕적, 사회적 특권을 보장한다고 주장한다. 피해자는 특별한 배려와 존중을 받을 자격이 있다. 반면에 지금까지 사회적으로 특권을 누려온 사람들은 피해자에게 가해진 정신적, 물질적 상해에 대한 잠재적 책임이 있는 도덕적 의심의 대상이 된다. 캠벨과 매닝은 서구 문명의 역사에서 무시, 모욕, 차별 행위에 대한 사람들의 태도가 어떻게 변화해 왔는지 보여준다. 고대의 명예 문화에서는 모든 모욕은 유혈 사태나 무력 충돌을 수반하더라도 가급적이면 법적 제도나 국가와 무관하게 혼자서 해결해야 했다. 그러한 행동의 모델이 결투였다.

시간이 지남에 따라 명예의 문화는 존엄의 문화로 대체되었는데 존엄의 문화는 모든 사람이 누구도 빼앗을 수 없는 가치를 지니고 있으므로 모욕으로 그 가치를 떨어뜨릴 수 없다는 사실을 강조하는 문화이다. 이 문화의 원칙에 따르면 모욕은 법 제도와 사회 규범에 의해 처리되어야 한다. 스스로 문제를 해결하는 것은 이런 문화의 원칙에 어긋나는 행위다. 모욕죄는 독립적인 법원 또는 객관적인 제삼자가 판단한다.

그런데 오늘날 사회를 지배하는 피해자 문화는 명예 및 존엄성 문화의 특정 측면과 결합되었다. 피해자 문화의 일부인 사람은 존중받아 마땅하나 그 문화를 침해하는 것에 대해서는 극도로 민감하다. 모욕은 사소한 문제가 아니므로 아무리 작고 의도하지 않은 것일지라도 심각한 갈등을 일으킬 수 있다. 그러나 존엄성 문화에서 그렇듯 피해자 문화의 사람도 일반적으로 권위자나 제삼자의 개입을 찬성하며 폭력적인 보복은 자제한다.

위에 설명한 문화적 패턴 중에서 지배적인 하나의 문화가 사회적 위계와 지위를 결정한다. 용감하고 강하며 폭력적인 사람이 명예 문화의 정점에 있었기에 그 피해자는 높은 지위를 기대할 수 없었다. 오늘날 우리는 이 질서가 역전되고 있는 것을 목도한다. 현재 사회 계층 구조에서 높은 지위를 누리고 상대적으로 면책을 보장받는 것이 바로 피해자이다. 왜냐하면 결국 아무도 피해자를 비난하지 않고 해도 끼치지 않을 것이기 때문이다. 우리가 기꺼이 피해자임을 인정하고 심지어 경쟁적으로 더 불우한 집단에 속하려 하고 청소년들이 그 지위를 얻고 유지하려고 자신을 증오하는 것은 놀랄 일도 아니다.

명예 문화에서 벗어난 흥미로운 예는 교도소 하위문화에서 일어나는 변화이다. 수십 년 동안 교도소 서열 최고위층의 제한적인 규범은 어떤 종류의 모욕에 대해서도 잔인한 보복을 요구했으며 집단 내 위계질서는 명예 규범의 확고한 집행에 달려 있었다. 이제 이 하위문화는 근본적인 변화를 겪고 있다. 죄수의 지위는 힘이나 집단의 규칙에 대한 충성심보다는 물질적 지위에 의해 결정되는 경우가 더 많다.[15] 명예에 대한 존중을 포함하여 많은 특권을 간단히 구매할 수 있다. 아르헨티나의 교도소 하위문화를 연구한 사회학자 알렉산드르 로이그Aleksandre Roig는 현지 수감자 사이에서 생겨난 특이한 관습에 관하여 썼는데 칼을 든 싸움이나 그에 수반되는 모든 일의 참여 여부가 돈으로 결정되고 따라서 돈이 있어야 서열 다툼을 위한 싸움에 참여할 수 있다고 한다.[16] 교도소에 피해자 문화가 만연해 있다고 하면 다소 과장이 될 수 있겠으나 명예 문화가 점차 쇠퇴하고 있다는 점은 부인할 수 없는 사실이다.

과학의 렌즈로 바라본 피해자

피해자 문화를 연구하는 심리학자들은 피해자 역할을 맡아 다른 사람들보다 자신의 고통을 더 자주 알리는 사람들이 개인적인 이익을 위해 거짓말을 하거나 사기를 칠 수 있으며 목표 달성을 위해 다른 사람을 깎아내릴 수 있다는 사실을 확인해 준다. 또한 이러한 행동은 나르시시즘(자기애), 마키아벨리즘(자신의 이익을 위해 타인을 조종하고 이용하는 경향), 사이코패스(냉소주의와 계산적 사고)로 구성된 소위 어둠의 성격 3요소와 매우 밀접한 상관관계가 있는 것으로 나타났다.

브리티시컬럼비아대학교의 에킨 옥Ekin Ok과 동료들은 자신들이 수행한 6건의 연구 결과를 정리한 논문을 발표했다.[17] 연구진은 사람들이 자신의 불만과 불행을 다른 사람에게 얼마나 자주 보고하는지를 측정하고자 고통 신호 척도를 만들었다. 척도상 불만 드러내기에서 높은 점수를 받은 사람은 도덕적으로 품위 있는 사람으로 보이는 데 관심이 있는 반면에 실제 도덕적으로 행동하는 데는 관심이 덜했다. 이와는 반대로 척도에서 낮은 점수를 받은 사람은 단지 드러나는 겉모습에 치중하는 대신 실제로 도덕적으로 행동하는 데 더 중점을 두는 것으로 나타났다.

연구진이 설명한 한 실험에서는 자신의 고통과 미덕을 알리는 척도에서 높은 점수를 받은 피험자가 보상을 받기 위해 거짓말과 속임수를 쓸 가능성이 더 높았다고 한다. 또 다른 연구에서는 경쟁 관계에 있는 동료가 좋은 사람임에도 무언가 잘못을 저지른 시나리오를 상상해 보도록 요청받았다. 평소에는 온화한 성격을 가졌음에도 불구하고 피해자 역할을 하는 경향이 있는 사람은 동료의 모호한 행동을 자신을 차별하는 것으로 해석하고 시나리오에서 전혀 암시하지도 않은 학대 혐의를 제기하기도 했다.

연구진은 또한 일반적으로 어떤 차별에 대한 노출과 관련된 인구통계학적 변수와 도덕적 신념 사이의 관계를 조사했다. 상관관계를 분석했을 때 실제 피해 경험과 관계없이 타인으로부터 이익을 얻기 위해 고통 신호를 보내는 성격 유형이 존재할 가능성이 있었다.

이러한 경향은 라하브 가베이Rahav Gabay가 이끄는 텔아비브대학교의 이스라엘 연구진이 실시한 연구를 통해 확인되었다. 이 연구에 따르면 학대에 대한 강한 감각은 한편으로는 자신을 피해자로 인식하고 감정을 이입하려는 욕구를 느끼는 지속적인 성격 특성이 될 수 있으며 다른 한편으로는 자존감, 도덕적 우월감, 타인의 고통에 대한 공감 부족이라는 특징을 보인다. 또한 자신이 겪은 피해를 더 심각하게 평가하며 더 강한 분노와 복수심, 불신, 신경증, 타인에게 부정적인 특성을 돌리는 등의 경향과도 관련이 있었다. 그러므로 이 연구 결과는 자해에 대한 믿음은 실제로 겪은 피해뿐 아니라 한 개인의 영구적인 성격의 결과일 수 있음을 나타낸다.[18]

피해자가 되려는 경주

다른 사람의 지지를 얻기 위해 부당한 방식으로 피해자 역할을 악용하는 것은 아주 널리 사용되는 조작이다. 이는 가짜 피해자에게 현혹당한 사람이 치명적인 비용을 지불하는 선에서 그치지 않는다. 진짜로 상처를 받아서 다른 사람의 지원이 절실히 필요한 사람에게서 모든 것을 빼앗는 결과를 낳는

1부 현실의 장막 벗기기

다. 많은 사람이 피해자 역할을 자처하고 그 지위를 차지하려 경쟁을 벌일 때 정말 불이익을 당하고 있는 사람은 사기꾼 무리 속에서 길을 잃고 만다. 억울한 사람이 넘쳐나고 그들의 고집이 날로 완고해지면 사람들은 피로감을 느끼고 동정심이 감퇴한다.

그런 사례는 굳이 멀리서 찾을 필요도 없다. 의료 서비스 조사에 따르면 정신 질환 때문에 업무를 할 수 없다는 이유로 점점 더 많은 '가짜' 병가가 부여되고 있다. 일부 국가에서는 정신 질환이 업무 불능을 초래하는 네 번째 주요 원인이다.[19] 이런 질환은 통제도 쉽지 않고 무조건 집에서 누워 있으라고 강요받지도 않으므로 면제를 받기가 '아주 수월'하다. 의사들은 혹시 모를 병증의 결과를 두려워하므로 진단서도 쉽게 내준다. 의사는 심각한 질병의 피해자를 제대로 돕지 않았다는 비난을 받길 원치 않는다. 하지만 의사의 이런 민감한 대처는 실제로 심각한 정신 질환으로 고통받는 사람에게 어떤 식으로든 도움이 되고 그들이 동정심을 얻기 위한 피해자 경주에 나선 사기꾼이 아니라는 확신을 주어야 하지 않을까?

피해자 문화의 훨씬 더 심각한 결과는 정치인과 일부 전문가 집단이 차별받는 억울한 사람의 대변자인 양 그들의 고통을 전유하는 것이다. 이것은 앞에서 말한 수컷 구더기가 집단에서 서열이 높은 개체의 공격성을 완화하기 위해 새끼를 '빌리는' 수법을 영리하게 발전시킨 것이다. 정치인은 유권자의 지지를 얻기 위해서라면 피해자 집단 전체를 '빌릴' 수 있다. 그러나 선거가 끝나면 피해자를 위한 이익은 곧바로 잊어

버린다.

피해자 문화를 주의 깊게 살펴보면 피해자에게 광범위한 도움을 제공하는 것보다 더 고귀한 행동은 없기 때문에, 우리는 여기서 누군가가 피해자보다 더 높은 지위를 얻으면서 문제를 해결하고 있다는 결론에 도달하게 된다. 그러니 누군가가 불길을 제대로 잡지 않은 채 의도적으로 계속 일을 벌이고 있는 건 아닌지 한 번쯤 고려해 보면 어떨까? 화재 진압에서 자신의 용맹함을 보여주기 위해 오래된 헛간에 불을 지른 소방관-방화범처럼 피해자를 만들어 내는 것이 누군가의 이익에 부합하는 것은 아닌가?

이 질문에 대한 답을 모색하자니 두 개의 전문가 집단이 떠오른다. 하나는 법조계이고 다른 하나는 임상심리학자 데이비드 잉글비David Ingleby가 심리학자, 심리 치료사, 정신과 의사, 사회공학 전문가가 모인 집단으로 정의하는 심리 비즈니스, 즉 심리 복합체psy-complex이다.[20] 화재 발생 시 영웅적인 소방관처럼 피해자에게 도움의 손길을 내미는 사람들이 바로 그들이다. 피해자를 돕고 그들이 받는 보수는 완곡하게 말하자면 화재 진압에 참여한 소방관이 받는 보수보다 조금 더 높다.

겁쟁이는 돈이 된다

'스텔라상'이라는 웹사이트(www.stellaawards.com)에 기록된 사실들은 변호사가 자신의 의뢰인이 피해자라는 점을 대중에게 설득할 때 찾는 가장 좋은 증거이다. 이 웹사이트를 만드는 데 영감을 준 것은 스텔라 리벡Stella Liebeck 사건이다. 1992년 79세의 스텔라 리벡은 실수로 맥도날드 커피를 무릎에 엎질러 심한 화상을 입었다. 그녀의 변호사는 고객에게 너무 뜨거운 커피를 제공하는 무책임한 회사 때문에 피해를 입었다고 법원을 설득했고 290만 달러의 손해배상금을 받아냈다.[21] 그녀의 이야기는 여기서 끝이 아니다. 이 터무니없는 재판에서 영감을 받은 콜로라도의 유머 작가, 랜디 캐싱햄Randy Cassingham은 그녀의 이름을 딴 스텔라상을 제정했다. 이 상은 가장 정신 나가고 터무니없는, 기괴한 법원 판결에 수여된다.

앨런 레이 헤카드Allen Ray Heckard는 스텔라상 수상자 중 한 명이다. 전 농구 스타 마이클 조던보다 키는 3인치 작고 몸무게는 25파운드 더 나가며 나이도 8살이나 많지만 그는 자신이 조던과 매우 닮았고 종종 조던으로 오해받기 때문에 '명예훼손과 영구적 상해'로 5200만 달러와 '정신적 고통과 고통에 대한 징벌적 손해배상'으로 3억 6400만 달러, 여기다 나이키 공동 창립자 필 나이트Phil Knigh를 같은 액수로 고소해 총 8억 3200만 달러를 받을 권리가 있다고 주장했다. 그는 나이키의 변호인단과 이야기를 나눈 후 법원에 소송을 제기했는데 변호인단은 소송을 제기하면 자신들도 맞소송을 제기할 것이라고 말했다.[22]

또 다른 스텔라상 수상자는 57세의 워싱턴 행정법 판사인 로이 L. 피어슨 주니어Roy L. Pearson Jr.로, 자신이 맡긴 바지 한 벌을 잃어버린 세탁소를 상대로 6546만 2500달러를 요구하는 소송을 제기했다. 바지 한 벌에 6500만 달러가 넘는 금액을 요구했다니 실수가 아닌가 싶지만 실수가 아니다. 피어슨 판사는 자신을 변호하면서 잃어버린 바지 때문에 법정에서 눈물을 흘렸다. 대법원 판사는 피어슨의 절망에 감동하기는커녕 이 사건을 '잔소리 소송'이라고 부르며 피어슨 판사를 꾸짖고 세탁소가 받은 손해를 배상하라고 명령했다. 그러나 피어슨은 판결을 받아들이지 않고 항소했다. 이후 피어슨은 재임용 심사에 탈락했고 시간이 남아돌아 자신의 권리를 위해 계속 싸웠다.[23]

피해자 양산과 날조된 가해자

스텔라상 수상자를 추적하다 보면 부주의하고 어리석은 사람, 심지어 범죄자까지도 피해자로 둔갑하는 변호사의 기술에 감탄하지 않을 수 없다. 그러나 심리 비즈니스에서는 훨씬 더 간단한 방법을 사용한다. 이 방법은 1921년 영화 〈더 키드The Kid〉에서 흥미로운 방식으로 제시되었다. 찰리 채플린이 연기한 유리공은 그가 돌보는 어린 소년이 돌을 던져 창문을 깨뜨렸다는 사실 덕분에 자기 일의 수요를 창출한다. 문제를 만들고 해결책을 제시하는 이 단순한 계획은 채플린의 독창적인 아이디어가 아니다. 심리 비즈니스는 이 패턴을 완벽하게 사용하여 피해자 역할에 대한 원형을 만든 다음 사람들이 그 역할을 맡도록 유도한다. 저항하기가 쉽지 않다. 우리는 피해자의 역할을 맡음으로써 자기 삶에 대한 책임의 짐을 덜어낼 수 있다. 그러다 삶에 대한 통제권을 되찾기로 마음먹을 때 우리는 유리창이 깨진 아파트 주인이 파손된 유리를 수리하는 떠돌이 유리공을 만났던 것처럼 아주 관심이 없지는 않은 전문가가 내뻗는 도움의 손길을 발견한다.

오늘날, 우리 삶에서 무언가 잘못되면 우리는 현대 심리 비즈니스가 제공하는 역할 중 하나를 선택할 수 있다. 그건 모든 사람이 스스로 무언가를 찾을 수 있는 거대하고 다채로운 시장 매대를 떠올리게 한다. 만약 부모가 알코올을 남용했다면 알코올 중독자 가정에서 자란 성인 아이로서 알코올 중독의 피해자로 살 수 있다(정신 질환 진단 교과서에서는 찾을 수 없다). 그러나 부모님이 술을 많이 마시지도 않았는데 당신이 여전히 잘 풀리지 않는 삶의 이유에 대한 설명을 찾고 있다면 당신은 역기능 가족의 성인 아이 증후군에 해당할 수 있다. 이 증후군의 지지자들에 따르면 인구의 96%가 **공의존**이라는 질병의 피해자이기 때문에 당신도 공의존의 피해자 중 한 명이다. 심리 치료사는 어린 시절의 트라우마가 실패의 원인이라는 사실을 당신이 인식하도록 기꺼이 도와줄 것이며 만약 당신이 기억해 내지 못한다면 억압된 기억을 회복할 수 있도록 도와줄 것이다. 그래도 효과가 없다면 어린 시절 부모와의 관계가 현재의 삶에 영향을 미쳤다고 생각하면 된다.

부당한 대우를 받은 수많은 사람이 성적 학대의 피해자다. 치료사들의 설문 조사와 보고를 바탕으로 만들어진 미국 사회의 이미지는 여성 네 명 중 한 명꼴로 일생에 한 번 이상

강간을 당했고, 두 명 또는 세 명 중 한 명의 여성이 어린 시절에 성적 학대를 당했으며 대부분 가족 구성원에 의한 학대였다는 것이다. 정신과 병동 환자의 50~60%는 어린 시절에 신체적 또는 성적 학대를 당했으며 총 25만 5000명의 치료사 중 5만 명이 자신의 환자가 어린 시절에 성적 학대를 당했다고 확신하지만 환자 대부분은 그러한 기억을 부인한다.[24]

그러나 당신이 위에 언급한 피해자 역할에 해당하지 않는다면 그 밖에 직장 내 괴롭힘, 사회적 고립, 성별에 따른 차별의 피해자가 될 수 있으며 가까운 사람이 사망했거나 격리 조치로 인해 2주간 집에서 지내야 했기 때문에 외상 후 스트레스 증후군을 앓고 있을 수도 있다. 여러분은 아무런 어려움 없이 자신의 경험을 강제 수용소의 잔학 행위를 경험한 홀로코스트 생존자의 고통과 비교해 볼 수 있다. 많은 환자가 치료사의 권유에 따라 이 방법을 사용하며 이는 주디스 허먼Judith Herman의 저서 《트라우마와 회복Trauma and Recovery》에서도 확인할 수 있다.[25]

30년 전 사이크스가 계산한 400%라는 피해자 인구수는 오늘날에는 크게 과소 평가된 수치일 수 있다. 이는 오늘날 우리가 선택할 수 있는 수많은 진단 명칭이 쏟아져 나온다는 사실로 미루어 알 수 있는데 대부분은 학대로 인한 증후군이다. 1952년《정신 질환 진단 및 통계 편람Diagnostic and Statistical Manual of Mental Disorders, DSM》 초판에서는 106개의 질병 실체와 정신 질환만 구분했다. DSM 2판(1968년)에서는 182개로 늘어났고 3판(1980년)에서는 265개로 크게 증가했다. 그러나

1부 현실의 장막 벗기기

정신 질환은 계속 변이를 거듭하여 1987년 DSM의 세 번째 개정판에서는 292개의 정신 질환이 추가되었다. 네 번째 판에서는 297개로 약간 증가했다. 개정판(2000년)에는 이미 1년의 일수만큼이나 많은 장애가 포함되었다. 2013년에 발간된 5판에서는 최대 600가지의 진단이 가능하다.[26] 불과 60년 만에 정신 질환의 수는 거의 6배로 증가했다.

　　다소 과장을 했다고 해서 7대 죄악에 걸리는 것은 아니지 않는가? 정신 질환 진단을 둘러싼 투쟁은 다양한 영혼, 관리를 받아야 하는 다양한 피해자를 위한 것이라고 말이다. 어쨌든 1960년대 초에는 일생 동안 심리 치료를 받아본 미국인은 인구의 14%(약 2500만 명)였지만 1976년에는 26%, 1990년에는 33%로 증가해 상당히 성공적으로 진행되고 있다. 미국 심리학회에 따르면 1995년에는 46%(약 1억 2800만 명)가 정신 건강 전문가와 접촉한 경험이 있다고 하고 금세기 초에 그 수는 더욱 증가해서 인구의 80%에 달했다. 그러나 이러한 수치는 결코 사람들이 경험하는 문제의 감소로 해석되지는 않는다. 오히려 정신 질환과 장애의 비율은 줄곧 증가하고 있다.

　　피해자의 다량 '양산'은 가해자를 만들어 내는 결과를 수반할 수밖에 없다. 불만을 제기하는 당사자 중 일부만이 자신의 운명을 우연으로 돌릴 수 있다. 차별당하는 사람이 있는 곳에는 차별을 하는 사람도 있기 마련이고 학대당한 사람이 있는 곳에는 학대를 자행한 사람이 있으며 억압받는 사람에게는 억압하는 사람이 있고, 거의 모든 피해자에게는 가해자가 존재하기 마련이다. 이 과정은 특정한 사회적 결과를 초래하고 사람 사이의 분열을 심화한다.

기억 회복 치료에서 비롯된 허위 고소 건수에 대한 연구는 많지 않지만 확인 가능한 얼마 안 되는 정보는 혼란스러운 그림을 보여준다. 1992년 미국에서는 거짓기억증후군재단이 설립됐다. 이 재단은 학대 혐의로 잘못 기소된 사람(대부분 치료 중에 자녀가 부모에게서 피해를 받았다고 '기억'하는 가족)을 돕기 위해 만들어졌다. 곧이어 호주, 영국, 프랑스, 독일, 이스라엘, 뉴질랜드, 벨기에, 캐나다, 네덜란드, 스웨덴에서도 유사한 단체가 빠르게 설립되었다.[27] 이 단체의 회원 대부분은 성희롱 피해자의 친인척으로 성희롱 혐의가 있는 것으로 추정되는 사람이다.

미국에서만 1992년 재단 설립 이후 2001년까지 4400명 이상의 사람이 자신의 친척이 가진 거짓 기억이 악몽 같은 현실이 되었다고 증언했다.[28] 물론 이들 중 실제 피해를 입힌 가해자가 있을 가능성을 배제할 수는 없지만 부당한 고소에 대한 고소 취하 및 손해배상금 지급 건수는 지속적으로 증가하고 있으며 거짓 기억 문제는 피해자를 만드는 상황의 극히 일부에 불과하다.

친족을 돌보고 그들의 필요를 이해하는 능력과 타인으로부터 보살핌을 받는 능력이 우리의 지능과 사회화의 진화를 이끌었다는 새라 허디의 말이 맞다면 지금 우리가 목격하는 이러한 능력의 광범위하고 교묘한 남용은 호모 사피엔스 종에게 결코 바람직한 조짐은 아니다.

2부

삶과 죽음의 경계 흐리기

인간이 죽음에 대한 두려움을 극복하지 않는 한 인간에게 자유는 없다.

— 알베르 카뮈

5

누가 자살이라는 자유를
선택할 수 없게 하는가[1]

죽음에 대해 생각하는 것은 자유에 대해 생각하는 것이다.
죽음을 배운 사람은 노예가 되는 것을 잊었다.

미셸 드 몽테뉴

2차 세계대전 당시 엄마의 여동생 즉, 나의 이모는 레지스탕스 운동의 연락 장교로 활동하며 매우 중요한 비밀 임무를 수행했다. 스스로 말했듯이 그녀는 죽음을 두려워하지는 않았지만 고문만큼은 무서웠다. 그녀는 고문의 고통에 대해 저항할 힘이 거의 없었기에 누군가를 배신하거나 중요한 정보를 누설하게 될까 봐 걱정했다. 그녀는 어렵사리 청산가리 캡슐을 손에 넣었다. 게슈타포가 그녀의 집을 포위하자 그녀는 그 독약을 입에 털어 넣었고 미리 준비했던 방 하나에 불을 질렀다(그렇게 해서 아마도 일부 중요한 문서를 파괴했을 것이다).

인터넷에서 찾아낸 이 이야기는 암울했던 그 시절의 수백, 아니 수천 가지 비슷한 이야기 중 하나다. 당시 독약 캡슐은 마지막 탈출을 보증하는 것으로 게슈타포나 나치 친위대도 막을 수 없었다. 고문과 굴욕 속에 고통을 참아내다 존엄성을 박탈당한 채 맞이하는 죽음에서 벗어나는 수단이었다. 그러니 당시 나치 독일의 권력자들이 자발적으로 자신의 목숨을 포기한 사람들을 강력하게 비난했던 것은 결코 우연이 아니다. 그들은 독일어에서 자살 행위를 칭하는 네 가지 용법 중, 'Freitod(자유로운 죽음)'라는 단어를 사용하는 것조차 비난했다.[2] 나머지 세 가지 정의는 우리가 흔히 쓰는 Selbsttötung(자살), 과학적/사회학적 의미의 'Suizid(자살학이라는 연구 분야의 이름에서 유래)', 가장 급진적이고 극단적이며 부정적인 행위의 자살인 'Selbstmord'이다. 나치는 이 용어를 가장 적극적으로 사용했다. 밀봉된 전체주의 체제에도 허점은 있었고 'Freitod'라는 단어가 바로 허점을 파고들었다. 절대 권력의 대표자에게 권력의 한계를 의식하는 것보다 더 나쁜 것은 없을 것이며 노예에게는 노예 생활에서 벗어날 수 있는 가능성보다 더 큰 활력은 없을 것이다. 그 당시 청산가리 캡슐은 많은 사람에게 진정한 의미의 자유를 주었다.

자살에 대한 낙인찍기와 처벌

그러나 최종적인 자유의 선택이자 표현으로서의 자살에 대한 반감은 나치 독일의 전체주의에만 국한된 것이 아니었다. 이미 죽은 사람을 대상으로 처벌한다는 생각 자체가 터무니없어 보이지만 역사적으로 자살에 대한 처벌은 삶 속에 성공적으로 편입되어 왔다. 고대 로마에서 자살에 대한 처벌은 모든 재산을 몰수하는 것이었다. 5세기부터는 대대로 이어진 시노드(가톨릭에서 교회의 당면 문제를 해결하기 위해 함께 모여 토론하고 결정하는 회의 ― 옮긴이주)에서는 자살을 정죄하는 것만으로는 충분하지 않다고 판단해 자살을 아예 금지했으며 자살자에 대한 미사를 금하거나 묘지에 묻힐 권리를 박탈하고 파문하는 등 정식 형벌을 부과하기도 했다.

영국에서는 일찍이 13세기 중반부터 자살을 처벌하는 법이 제정되었다. 로마에서와 마찬가지로 자살을 저지른 자의 재산은 몰수되었고 자살자는 일반 범죄자로 취급되었다. 자살에 대한 처벌은 1961년에야 폐지되었다.[3]

프랑스에서는 15세기부터 자살자를 살인범과 같이 취급했다. 1670년 루이 14세는 자살한 사람의 시신을 도시 곳곳에 끌고 다니며 목을 매거나 쓰레기통에 던지라고 명령했다. 그들의 재산 역시 몰수되었다.[4]

오스트리아에서도 자살자에게 무자비한 취급을 하기는 마찬가지였다. 자살한 사람의 시신을 목매달거나 화형하거나 바퀴 밑에 깔아 부서뜨렸다. 또한 교회 장례식을 거부하고 재산을 몰수했으며 명예도 지킬 수 없게 했다. 1787년 요제피네 법전Josephine Code은 자살을 시도한 사람을 감옥에 보내 후회하고 행동을 바꿀 수 있도록 하는 조항을 만들기도 했다.[5]

이슬람에서 자살은 여전히 살인보다 더 나쁜 행위로 간주된다. 북한에서도 자살은 불법이며 불법을 저지른 자살자, 즉 피고인의 가족(2대 또는 3대, 아마 이웃까지)이 강제 수용소로 보내지기도 한다.[6]

스스로 목숨을 끊은 사람의 시신이 그토록 잔인하게 훼손당했던 데에는 여러 가지 이유가 있다. 그중에는 죽음에 맞서기를 주저하지 않았던 사람에 대한 비이성적인 공포감이나 그가 되살아올 수도 있다는 두려움이 도사리고 있었으며 신의 분노, 전통의 힘, 그 외의 다른 많은 이유가 작용했다. 그러나 그중에서도 자살 행위를 다루는 법과 관습의 엄중함을 결정하는 요인으로 거의 또는 전혀 나타나지 않는 한 가지 이유, 즉 자살의 경제적 가치가 있다.

노예는 스스로 목숨을 끊음으로써 주인의 권리와 재산을 빼앗는 결과를 낳는다. 자신의 생명을 처분하여 비로소 자유의 몸이 되는 것이다. 인간의 생과 죽음을 가르는 권리는 오직 '창조주'만이 갖고 있으며 그 의지에 반하는 것은 신성 모독이라는 믿음은 위계적으로 창조주 다음으로 막강한 힘을 가진 권위자가 그 신성한 권력의 일부를 언제나 소유한다는 점을 정당화했다. 노예나 봉건 농노의 삶은 그들이 하는 노동만큼만 가치가 있었기 때문에 그들이 스스로의 삶을 끝내겠다는 결정을 내리는 것은 곧 주인에게 재산상의 손해를 입히는 것이었다. 농노는 스스로 생을 마감함으로써 주인의 재산 일부를 순식간에 거덜낼 수 있었다. 이를 용납할 수 없었으므로 시신을 더럽히고 죽은 자의 재산을 처분할 수 있도록 허용하는 법이 만들어졌다. 이는 마음속에 궁극적인 자유를 선택하려는 싹이 트기 시작한 사람에게 지레 겁을 주는 목적도 있었다.

자살의 반국가적 특성에 관한 플라톤과 아리스토텔레스의 언급을 제외하면 역사적 사료에서 자살에 관한 이러한 엄격한 법률을 제정하는 이유로 경제적 요인을 명시적으로 제시하지는 않는다.[7] 마찬가지로 삶에 대한 낙관적인 접근 방식, 우울증 및 모든 부정적인 감정에 대한 혐오, 건강한 생활 양식의 유행이 개인의 가치를 생산성으로 측정하는 경제 시스템에 도움이 된다는 선언은 어디에서도 찾을 수 없다. 오히려 우리는 (종종 가짜인) 역사적, 신학적 정당화와 질이 떨어지는 동시대의 상관관계 연구를 찾아내서는 새로운 신학의 도구를 만든다. 그러나 프랑스 작가이자 철학자인 알베르 카뮈가 진정으로 심각한 철학적 문제라고 말했던 자살이라는 현상을 이해하고 싶다면 자살을 경제 현실과 분리해서는 생각할 수 없다.

특권층을 위한 마지막 자유

자살에 대한 혐오가 순수한 신성시와 생명 존중에서 비롯된 것이라면 고대 로마의 귀족은 자신의 삶에 대한 결정권, 즉 중병에 걸린 사람에게도 주어지지 않았던 그 권한을 굳이 가지려 들지 않았을 것이다. 고대 로마에서 생명의 가치가 무엇보다도 중요했다면 자신의 생명을 끝내기 위한 허가를 원로원에 가서 요청하는 일은 없었을 것이며 설령 그런 법이 존재했다 하더라도 이를 활용하려는 사람은 많지 않았을 것이다.[8] 마찬가지로 다른 모든 형태의 자살을 엄하게 처벌하는 일본에서 귀족에게만 허락된 명예로운 자살도 살아남지 못했을 것이다. 마지막으로 우리 문화권에서 장교와 귀족의 자살을 명예롭게 치부하지도 않을 것이며 그들의 자살 비율이 민간인보다 두 배 또는 세 배 더 높게 나타나지도 않을 것이다(정예 부대의 구성원은 자살 비율이 더 높다).

결과적으로 오늘날 우리는 자살과 관련하여 우리 문화의 역사적 유산인 양면적인 입장에 직면해 있다. 때때로 우리는 사회의 고위 계층이 벗어날 수 없는 상황에 처했을 때 명예로운 해결책으로서 그 선택을 존중하기도 하지만 사실 우리는 더 빈번하게 자살을 두려워하고 특히 그 행위 이면에 나약함이나 포기의 그림자를 포착하면 그 선택을 경멸하기까지 한다. 이전에 '상류층'으로서 자살하는 사람들에게 낙인을 찍었던 그 같은 사람들은 자살이 존엄성을 얻는 유일한 방법이자 자유로 가는 길이라고 생각한 바로 그때 독 캡슐을 깨물기를 주저하지 않았다. 나치 독일의 많은 고위 인사가 이 길을 선택했고 헤르만 괴링도 자신을 향해 총을 쏘아 달라고 요청했으나 거부당하자 바로 자살을 선택했다(그는 교수대에서 죽는 것이 장교로서의 명예에 대한 모독이라고 여겼다).[9] 많은 사람이 불과 얼마 전까지만 해도 국민에게 엄격히 금지했던 'Freitod'

를 탈출구로 선택했다.

성 아우구스티누스의 덫에 걸려들다

의학의 눈부신 발전으로 황혼기에 접어든 인간의 삶이 그에 따른 고통으로 존엄성을 상실한 채 인내의 한계를 넘어 연장되는 오늘날, 많은 사람이 'Freitod'를 꿈꾼다. 하지만 그들은 이런 꿈을 비밀스럽게 품는다. 그 이유는 수 세기에 걸쳐서 자살자와 그 시신에 가해지는 경멸과 모독을 지켜보며 형성된 태도, 즉 우리 생명의 결정권을 가진 자들에 대한 종속 그리고 스스로 삶을 마감하는 결정을 내린 사람에 대한 혐오가 불만과 분노의 물결을 일으키고 있기 때문이다. 이런 비인간적인 상황에서 다른 사람을 돕겠다는 언급이 넌지시 등장하면 이를 히스테리로 취급하며 기독교의 십계명 중 '살인하지 마라'라는 계명을 살짝 다듬어서 생명 존중이라는 깔끔한 슬로건으로 포장한다. 기독교의 첫 세기 추종자들의 자발적인 죽음에 어떤 종류의 문제가 있었다는 사실을 확인해 주는 데이터는 찾을 수 없다. 실제로 많은 사람이 죄와 눈물과 통곡의 골짜기에서 벗어나 그토록 갈망하던 천국의 행복을 찾기 위해 기꺼이 삶을 마감했다. 어느 순간 분열주의자로 간주된 초기 기독교의 대표자인 도나투스파 신자는 가능한 한 빨리 죄의 저주에서 벗어나기 위해 다수가 동반 자살을 했다. 이들은 죽음을 찾아나서 큰길에서 무작위로 마주친 여행자에게 죽여달라고 요청하고 이를 거절하면 그 여행자를 죽이겠다고 위협해서 자신들이 원하는 결과를 얻어내기도 했다. 여성은 강간과 순결을 잃는 죄를 피하기 위해 자살을 선택했고 교회의 초대 교부는 그러한 관행을 비판하기는커녕 오히려 순교자의 죽음에 비유하며 칭찬했다. 빠른 구원을 바라는 초기 기독교는 실제로 죽음의 종교가 되었다. 자신의 생명을 스스로 끝내는 결정을 낼 수 있는 특권은 당시 문명 역사상 그 어느 때보다 평등주의가 되었다.[10]

기독교를 멸망으로 이끄는 이 죽음이라는 대량 전염병을 처음으로 해결하려는 시도를 한 사람은 성 아우구스티누스였지만 그 역시 몇 가지 문제를 안고 있었다. 그는 명상을 하다가 세례 성사를 받은 직후 죽는 것이 최선의 해결책인 것처럼 보이는 역설을 처음 발견했다. 세례받은 직후의 성화된 자비의 상태에서 죽으면 죄가 그 사람에게 접근할 수 없다는 생각을 한 것이다.[11] 그는 '살인하지 마라'라는 계명을 자살 규제로 해석함으로써 자신의 정신적 교착 상태를 깨뜨렸다. 이때부터 자살에 대한 혐오와 경멸의 역사가 시작되었으며 452년 아를에서 열린 시노드에서 이를 확인했다. 100여 년 후 브라가에서 열린 시노드에서는 자살을 금지하고 파문이라는 가장 가혹한 형벌을 부과하는 규정이 공식화되었다.

1500여 년이 지난 지금 조력 자살이나 안락사 논의에는 성 아우구스티누스의 주장이 반복해 등장한다. 그의 주장은 이미 규정된 문화적, 정치적 조건과 정해진 요구에 부응하기 위해 형성된 것이었다. 그리고 마치 모세가 시내산에서 돌에

새겨진 십계명을 받들었던 것처럼 그의 주장도 그저 숙고 없이 반복된다.

이 장의 목적은 안락사에 더 자유로이 접근하기 위한 선동이 아니다. 나는 일부 독자가 몇 가지를 깨닫기를 바라는 마음으로 이 글을 쓰고 있다. 첫째, 이 문제에 대한 자신의 믿음과 주장이 특정 사실을 고려하지 않고 있다는 점이며 둘째는 이미 자신의 가치라고 생각하는 것이 지금까지 본 것처럼 그렇게 흑백 논리가 아닐 수도 있다는 것이며 또한 자신의 주장이라고 믿는 것이 부모나 종교 지도자 또는 교구 사제가 받아들인 믿음의 유산일 뿐이라는 점이다. 게다가 그런 믿음을 물려준 이들은 영생을 갈구하는 생명을 연장할 약이나 호흡기 및 여타 장비도 없었던 시대에 살았던 사람이고 영원한 구원을 추구하는 기독교에서 가장 큰 문제는 어떻게든 자살 충동을 억제하는 것이었다.

6

자살을 막지 못하는
화물 숭배적 과학[1]

자살을 억제하는 방법의 효과는
오늘날에도 50년 전과 마찬가지로 낮다.

백인이 태평양의 섬을 방문하기 시작했을 때 원주민은 자신들이 보는 풍요로움에 매료되어 백인의 행동을 부지런히 관찰했다. 그들은 곧 '화물'이라는 문구가 적힌 포장 상자로 가득한, 하늘을 나는 큰 새를 보고 신이 내린 선물이라는 결론에 도달했다. 그래서 원주민은 정글 한가운데 활주로를 만들고 공항 착륙 유도등을 본떠 불을 피우며 나무와 대나무로 작은 관제탑을 짓는 등 백인을 모방했다. 원주민은 신의 자비를 기다렸으나 신은 그들의 기대에 고분고분 응해주지 않았다. 활

2부 삶과 죽음의 경계 흐리기

주로를 만드는 데 엄청난 노력을 기울였고 백인의 건물과 장비를 꼼꼼하게 모방했음에도 불구하고 비행기는 원주민이 만든 활주로에 착륙하지 않았다. 오늘날에도 오세아니아의 일부 지역에서는 이러한 관행을 일컫는 '화물 숭배'가 여전히 성행한다.[2]

저명한 물리학자이자 노벨상 수상자인 리처드 파인먼Richard Feynman은 1974년 캘리포니아공과대학교 학위 수여식 연설에서 사회과학을 '화물 숭배'에 비유했다. 그에 따르면 사회과학을 대표하는 학자들은 화물 숭배 신봉자와 마찬가지로 다른 과학의 행동을 모방하지만 안타깝게도 아무런 효과가 없다. 파인먼은 단순 비교에 그치지 않고 중독 치료와 심리 치료 및 초심리학 분야의 사례를 추가했다. 또 파인먼은 학생을 가르치는 교수법을 연구하고 완벽하게 하기 위해 엄청난 노력을 기울였음에도 학생의 성적은 매년 더 나빠지고 있다고 언급하며 이 같은 현상은 사회과학이 해결하려고 하는 범죄 및 다른 문제에서도 똑같이 드러난다고 말했다.[3] 과연 파인먼의 말은 옳았을까?

'화물 숭배' 신봉자의 야단법석

많은 분야에서 노력을 기울이고 있지만 그 결과물은 부실하고 때로는 상황이 더 악화되고 있음은 분명하다. 2020년 12월에 발표된, 자살과 자해를 예방하기 위한 다양한 형태의 개입과 그 효과에 대한 50년 동안의 종합적인 메타 분석이 증거이다. 덴버대학교의 캐서린 폭스Kathryn Fox와 플로리다주립대학교의 셰이닝 황Xieyining Huang이 이끄는 연구팀은 지난 반세기 동안 수행된 연구 프로젝트 중 방법론적으로 가장 정확한 자살 예방 연구 1125건을 분석했다. 그 연구는 응급 처치, 정신역동적 심리 치료, 동료 지원, 사회적 돌봄, 약물 치료, 입원, 외부 통제 방법, 인지 및 행동 접근법, 변증법적 행동 심리 치료뿐만 아니라 기타 심리 치료 방법을 연구 대상으로 삼았다. 이 메타 분석에서 나온 결과는 참담했다. 연구된 모든 방법의 효과는 매우 낮고 개입 이후에도 효과는 오래 지속되지 않으며 다양한 방법 간에 실질적인 차이가 없었다. 그러나 가장 놀라운 사실은 자살 예방 방법에 대한 연구는 점점 더 많이 이루어지고 있음에도 오늘날 그 효과는 50년 전과 마찬가지로 지극히 낮다는 것이다. 다양한 접근 방식 가운데 개입의 효과에 결정적인 영향을 미칠 수 있는 이렇다 할 지표는 발견되지 않았다.[4]

이러한 결과는 자살 연관 요인과 관련해 계속 증가하는 지표와 나란히 놓으면 더욱 명확하다. 세계보건기구WHO에 따르면 자살 시도를 억제하는 방법이 전혀 개선되지 않았던 1960년대부터 2012년까지 인구 10만 명당 자살자 수가 60% 증가했다. 오늘날에는 인구의 약 1.5%가 스스로 목숨을 끊는다. 자살은 청소년 사망 중 가장 빈번하게 나타나는 요인 중 하나로 청소년 전체 사망의 약 20%를 차지한다. 성공적인 자살에 이르기까지 10~40번의 자살 시도가 실패로 끝난다. 미

2부 삶과 죽음의 경계 흐리기

국에서만 자살로 인한 비용이 연간 940억 달러에 달하는 것으로 추산된다. 또한 전체 성인의 약 5.5%가 규칙적으로 자해를 하고 있으며 청소년의 경우 이 수치는 17.2%에 달한다. 자살 가능성이 있는 사람을 구하기 위해 반세기에 걸친 연구를 하고 개선 방법을 찾으려 엄청난 노력을 기울이는 이 상황이 비행기를 활주로로 끌어들이지 못한 화물 숭배 추종자의 난리법석과 크게 차이가 있을까?

이런 문제점을 지적하는 연구는 많다. 앞의 메타 분석이 자살 문제와 관련하여 사회과학의 무력함을 보여주는 유일한 분석은 아니기 때문이다. 2017년 하버드대학교의 조지프 프랭클린 Joseph Franklin이 이끄는 연구팀이 메타 분석 결과를 발표했는데 자살 예측 변수에 대한 50년간의 연구 결과를 통해 특정 환자가 자살에 이를 가능성을 예측할 수 있는지에 관한 것이었다. 그 결과는 동전 던지기 확률과 큰 차이가 없는 것으로 나타났다![5]

이런 연구 결과에 대해, 환자를 치료할 때 이와 같은 방법을 사용하는 연구자와 실무자는 자신들의 노력이 없다면 자살 징후는 더 높아질 수 있고 그 효과가 미비해도 아무것도 하지 않는 것보다는 낫다고 말한다. 그러나 이런 설명에는 결함이 많다. 만약 간단하면서도 효과적인 단기적 개입이 복잡하고 비용이 많이 드는 장기적 개입(예를 들면 정신역동 치료)만큼 효과적이라면 개입하는 사람의 경제적 이해관계를 제외하고는 단기적 방법의 사용을 막을 이유는 없다. 이외에도 다른 데이터에 따르면 자살 건수는 사회적, 심리적 요인이 아닌 다른 방법으로도 조정이 가능하다.

　현재 자살을 막는 데 광범위하게 사용되는 방법들의 효과가 떨어지는 건 자살의 기능을 이해하는 데 도움이 되는 이론을 참조하지 않는 것도 한몫한다. 저명한 사회심리학자 로이 바우마이스터가 주창한, 자살이란 자아로부터의 도피라는 이론이 옳다면 자살을 예방하는 개입은 이론이 설명하는 메커니즘을 고려해야 한다.[6] 그 이론에 비추어 볼 때 정신분석, 정신역동 치료사의 경우 대부분 인지적 해체라는 핵심 상태를 치료하는 데 초점을 두지 않기 때문에 그 효과가 크지 않다.

자살을 방지하는 효과적인 개입

　지금까지 드러난 자살을 예방하는 가장 성공적인 방법은 다양한 방식의 규제이다. 전 세계적으로 전체 자살자의 약 3분의 1이 농약을 사용하여 목숨을 끊는다. 유엔이 농약에 대한 접근을 제한하고자 압력을 가하기 시작했고 1980년대와 1990년대에 세계에서 자살률이 가장 높았던 스리랑카는 농약 사용을 통제했다.[7] 이런 제품에 대한 접근을 제한하는 정부의 노력 덕분에 스리랑카에서 자살 건수가 70%까지 감소했다. 방글라데시에서도 독성 농약에 대한 접근을 제한하는 규정을 도입한 이후 비슷한 감소세가 나타났고 한국에서는 독극물로 지정된 제초제 판매가 금지되면서 이러한 유형의 자살 및 전반적인 자살률이 즉각적으로 감소했다.[8] 중국과 네팔에서도 비슷한 노력을 기울여 효과를 봤다.[9] 물론 이 모든 사례에서 자살 건수에 영향을 줄 수 있는 다른 요소를 완전히 배제할 수는 없지만 이러한 분명한 효과는 규제 도입을 지지한다.

총기, 약물, 자살에 사용하는 기타 수단에 대한 접근을 제한하는 것도 전체 자살 건수를 줄이는 데 효과가 있다. 알코올과 같은 중독성 물질을 사기 어렵게 하는 것도 이러한 결과를 달성하는 데 도움이 된다. 1990년대 동아시아에서는 밀폐된 공간에서 숯을 피워 치명적인 농도의 일산화탄소를 발생시키는 자살 방법이 유행했다. 당시 홍콩에서는 슈퍼마켓에서 숯을 쉽게 구매하지 못하게 만들려고 작은 장애물을 도입했다. 상품 진열대 선반에서 숯을 빼고, 구매를 원하는 사람이 판매원에게 직접 요청하게 만든 것이다. 이에 따라 최소한 숯을 이용한 자살을 계획했던 사람 사이에서는 자살 건수가 즉각적으로 감소한 것으로 나타났다.[10]

다리와 지하철, 철도 플랫폼에 스크린 도어를 설치하는 것 같은 간단한 방법도 자살자 수에 영향을 미친다. 병원에서 자살 가능성 사례를 분석한 결과 높은 곳에서 뛰어내리거나 목을 매 자살할 수 있는 장소에 접근하지 못하게 함으로써 자살 시도를 줄일 수 있는 것으로 나타났다.[11] 자살을 결심한 사람은 항상 대안을 찾겠지만 그럼에도 그의 선택권을 제한하는 것이 현재로서는 자살 가능성에 대처하는 가장 효과적인 방법이다.

베르테르와 파파게노 사이에서

때때로 미디어를 통해 대서특필되는 자살 사건은 충격적인 신호탄으로 작용한다. 널리 알려진 베르테르 효과는 유명 인사의 자살 이후 같은 방식을 따라 하는 자살이 이어지는 현상을 말한다. 이에 대한 다른 표현은 '모방 자살'인데 베르테르 효과의 실체를 발견한 이후 보건 및 미디어를 담당하는 주요 국제기구에서는 자살 사건을 대중에게 알리는 보도를 제한하는 국제적 합의를 이끌어 냈다. 저널리즘을 가르치는 학교와 저널리스트협회에서는 "자살에 대한 보도는 적을수록 좋다"라는 한 문장으로 축약할 수 있을 정도로 간단한 Reportingonsuicide.org의 권고 사항을 준수한다.

그러나 미디어에서 자살을 금기로 포장하는 것은 피상적인 미봉책에 불과하다. 무엇보다 베르테르 효과라는 것 자체가 명백하지 않다. 제임스 히트너James Hittner와 같은 일부 심리학자는 베르테르 효과에 의문을 제기하며 자살률 증가와 관련해서는 현재의 경제 상황과 심지어 계절, 기온, 대기 오염 등 다양한 요인에 따라 달라지는, 소위 통계에서 말하는 기댓값과 관련하여 분석해야 한다고 지적한다.[12] 따라서 경제 위기가 시작되어 자기 파괴적 사고에 빠지기 쉬운 시기에 유명인이 자살하고 그 이후 자살 건수가 증가한다면 오직 부분적으로만 언론의 보도를 탓할 수 있다. 연구에 기술된 베르테르 효과 사례를 반복해 분석한 결과 자살 빈도는 미디어 홍보에 어느 정도 영향을 받는 것으로 나타났다. 또한 연구자들은 정신적 문제가 자살 시도의 주요 원인이라는 매우 명백한 사실도 지적한다. 유명한 사람이 자살로 사망하면 다른 사람의 자살 결정을 가속화하고 자살 시도의 시기를 바꾸게 할 수도 있지만 반드시 전체 자살자의 수의 변화를 가져오는 것은 아니다. 따라서 베르테르 효과는 단지 단기적으로 자살 빈도에 교란을 주는 것뿐일지 모른다. 1년 동안 장기간에 걸쳐보면 자살자 수는 비교적 일정하며 자살이라는 자기 파괴적인 행동을 일으키는 정신적 문제를 경험하는 사람 수와도 일치한다.[13]

때로는 반대 효과가 발생하여 언론 보도로 자살자 수가 감소하는 경우가 있다. 커트 코베인Kurt Cobain의 자살이 그러했다. 분석에 따르면 유명한 음악가 코베인이 사망한 모습을 미디어가 보여줬을 때 뒤이어 베르테르 효과가 일어나지는 않았다. 오히려 많은 사람이 코베인의 뒤를 따라가기를 주저했다.[14] 이러한 규칙성은 웨인주립대학교 자살연구센터의 스티븐 스택Steven Stack이 수행한 분석을 통해 확인되었다. 자살에 대한 부정적인 묘사가 포함된 기사는 다른 미디어 보도보다 자살을 '유발'하는 효과가 99% 낮았다.[15]

잘 알려지지 않은 이 역효과는 모차르트의 오페라 〈마술피리〉의 주인공 중 한 명인 파파게노의 이름을 딴 것이다.[16] 그는 진정한 사랑을 잃고 나서 자살을 하려 하지만 상황을 해결할 수 있는 다른 대안을 보여주는 세 청년과의 대화로 마음을 돌리게 된다. 적절한 관점에서 자살의 행위를 보여주는 것은 자살을 예방하는 데 도움이 될 수 있다. 오스트리아와 독일의 심리학자, 정신과 의사, 커뮤니케이션 전문가로 구성된 팀이 거의 500건에 달하는 자살 관련 언론 보도를 종합적으로 분석하여 보도의 어떤 측면이 베르테르 효과와 파파게노 효과를 일으켰는지 연구해 2018년 《영국정신의학저널》에 출판했다. 자살률의 증가는 자살 자체에 대한 보도가 반복적으로 발표되고 특히 자해와 같은 행위를 이상화해 자살의 신화가 퍼지는 것에 영향을 받았다. 자살 행동이 수반되지 않은 개인의 자살 충동을 분석하는 보도는 자살률 증가와 부적負的 상관관계가 있었다. 위기에 봉착한 사람들이 불리한 상황에 대처하고자 자살이 아닌 다른 전략을 채택했다는 언론 보도도 자살률 증가와 부적 상관관계가 있었다. 흥미롭게도 전문가의 객관적인 의견과 이 현상과 관련된 역학적 사실을 실은 기사가 자살 가능성을 높인 것으로 나타났다.[17] 이와 같이 미디어는 자살이라는 전염병에 맞서 싸우기 위해 사용할 수 있는 강력한 도구를 손에 쥐고 있으면서도 정작 우리는 구체적인 보도 방법에 관해 그저 널리 이용 가능한 연구 자료만 헛되이 뒤지고 있다. 파파게노 효과는 자살 보고 웹페이지에 언급조차 되어 있지 않다.

이렇게 우리 손이 닿을 수 있는 범위 안에 수많은 가능성이 있는데도 왜 우리는 실용적이기보다는 오히려 의례적인 방법을 배양하는 사회과학 연구자에게 의존하는 것일까? 이 질문에 대한 답은 파인먼이 지적한 곳에 있으며 오세아니아 원주민의 관행과도 유사할지 모른다. 원주민은 어떤 비행기도 그들이 동경하는 '화물' 상자를 싣고 착륙하도록 설득하지 못하고 있으면서도 오늘날까지 고집스럽게 그 의식을 반복하고 있다. 그러면서 여전히 제사장을 존경하고 신임하여 제사장의 사회적 지위를 공고히 하고 있다. 사회과학 분야의 제사장도 이와 비슷한 혜택을 누리고 있지 않은가? 우리의 무력함을 거듭해서 보여주는 이 방대한 양의 연구가 출판, 학술적 지위, 연구비, 사회적 인정이라는 결실을 얻고 있지 않은가?

　화물 숭배에 대해 이야기할 때 언급할 가치가 있는 현상이 하나 더 있다. 2차 세계대전 당시 시야가 매우 좋지 않을 때 조종사는 때때로 원주민이 만든, 불타는 활주로를 아군의 비행장으로 착각하고 착륙 시도를 했다. 대부분의 경우 그러한 시도는 비극으로 끝났지만 원주민에게는 그 일이 신에게 그들의 노력을 인정받는 신호였다. 물론 그들이 기대했던 재물 대신 추락한 비행기는 고철 더미만 안겨주었을 뿐이지만. 그러나 이런 일은 그들의 노력이 가치가 있다는 확신을 강화했다. 우리가 사회과학 영역에서 때로 요행과 우연의 일치를 진실로 받아들이며 수많은 비효율적인 관행을 지속하듯이 원주민도 원주민의 의식을 지속하는 것이다. 결국 우리는 화물을 숭배하는 원주민과 크게 다르지 않다.

7

칭찬받는 자살, 비난받는 자살, 죽을 권리

이타주의는 교활한 마음이 다른 사람의 에너지와 능력에서
이익을 얻기 위해 만들어 낸 안개일 뿐, 그 이상 아무것도 아니다.
일로나 앤드류스

    2022년 2월 24일 러시아가 우크라이나를 침공한 첫날, 침략군의 군함 두 척이 스네이크 섬(즈미이니 섬)을 공격했다. 러시아 군함 모스크바의 함장이 섬을 방어하는 병사들에게 항복하지 않으면 폭격을 당할 것이라고 엄포를 놓았다. 함장에게 돌아온 답은 다음과 같았다. "러시아 군함은 엿이나 먹어라!" 같은 날 러시아는 섬을 점령했고 이틀 후 전 세계에는 섬을 지키던 병사들이 전사했다는 소식이 전해졌다. 병사들의 저항은 침략자에 대한 우크라이나의 저항을 상징하는 사건이

되었다.

그러나 우크라이나 군인의 영웅주의를 인정하고 지지하는 거의 만장일치의 합창 속에서도 그러한 행동의 정당성에 의문을 제기하는 개별적인 목소리가 있었다. 진지를 지켜내는 것은 영웅주의에 속할까, 아니면 그저 대담한 자살에 속할까? 이 사건은 우리 문화에서 자살을 특별히 위선적으로 다루고 있는 한 예는 아닐까?

초기부터 우리는 자살에 관한 바람직한 사고방식을 육성하기 위해 다양한 방식으로 이를 포장해 왔다. 그리고 그것은 효과가 있었다. 자신의 손으로 죽음을 택하는 행위 자체가 시의 소재가 되기도 하고 때로는 극도의 경멸의 대상이 되기도 한다. 그것이 바로 거룩함이나 대죄를 인정하는 이유이다.

우리 자신과 싸우는가, 사회와 싸우는가?

자살은 그 공동체에서 여전히 살아가는 사람들이 공유하는 가치에 의문을 제기하는 행위이므로 공동체에 유익한 사건이 아니다. 자살은 삶의 의미에 대한 가장 기본적인 철학적 질문을 제기하고 기존 질서를 훼손하며 다른 사람들에게 심각한 부정적인 결과를 초래한다. 부모가 자살하면 그 부담은 고스란히 남은 자녀가 떠안아야 하며 다른 가족은 그들을 부양해야 한다. 강하고 건강한 사람이 스스로 목숨을 끊으면 공동체 전체가 경제적으로 빈곤해지거나 적어도 생전에 그의 노동으로 혜택을 받던 일부가 빈곤을 겪는다. 노예는 궁극적인 자유를 선택함으로써 주인의 재산을 뺏는 결과를 초래한다.

그러므로 수천 년 동안 대부분의 인간 사회에서 자살에 낙인을 찍어 온 것은 놀랄 일이 아니다. 고대 예술에서 자살에 대한 시각적 표현이 거의 없다는 점은 이러한 행위를 묘사하는 데 금기가 존재했음을 시사한다. 많은 언어에서 '자살'이라는 단어는 비교적 늦은 시기인 중세 무렵까지 등장하지 않는다. 이전에는 살인을 설명하는 문구나 단어를 사용했기 때문에 혼동을 일으킬 수 있다. 자살을 가리키는 라틴어 '수이키디움suicidium'('스스로를 죽이다'라는 뜻의 'sui caedere'에서 유래)은 1177년에 기록되었다.[1] 그러나 이 단어는 부차적이었을 뿐 광범위하게 사용된 것은 아니었다. 영어에서 '자살'은 1634년에 등재되었다. 이 단어는 널리 알려지지 않은 채로 남아 있었으며 자기 피해, 자기 파멸, 자기 파괴와 같은 좀 더 묘사적인 단어와 호환적으로 사용되었다. 폴란드어에서 '자살'은 1770년대에야 기록되었다. 많은 학자는 근대에 자살을 뜻하는 개별적 단어가 따로 존재하지 않는 점에 당혹감을 느낀다. 그들은 자살에 대해 말하기를 꺼리고 종교적으로 금지하며 자살이라는 특수한 현상에 대한 이해가 부족한 현실은 자살이 문화적 금기의 징후일 수 있다는 점을 지적한다.[2]

일본처럼 자살을 묵인하는 문화권에서도 할복과 같은 자살, 즉 셋푸쿠는 명예가 돌이킬 수 없을 정도로 훼손된 귀족에게만 허용되었다. 일본에서도 다른 문화권에서와 마찬가지로 스스로 목숨을 끊는 행위는 낙인이 찍혔고 대중의 믿음과는

2부 삶과 죽음의 경계 흐리기

달리 오늘날에도 여전히 강력한 낙인이 찍힌다.

이 책의 5장에서 기술한 대로 성 아우구스티누스가 자살을 정죄하는 글을 썼을 때 자살은 유럽 전역에서 박해의 대상이 되었다. 2020년 말까지만 해도 키프로스와 조지아를 비롯해 다른 대륙의 몇몇 국가에서도 자살은 불법이었다. 오늘날에 자살하는 사람을 처벌하는 유럽 국가는 없지만 세계에는 여전히 자살자를 살인자와 같은 취급을 하는 나라가 있다.

자살자란 신성한 땅에 묻힐 자격이 없는 자, 문밖으로 시신을 가져가면 저주받은 영혼이 미래에 돌아올 수 있다고 믿어 문지방 너머에 버려져 있는 자, 죽은 후 남은 가족이 위협과 박해를 받는 자이다. 그는 죄인이자 겁쟁이이다. 적어도 그의 자살이 문화적으로 인정받도록 포장되지 않는 한은 그렇다. 그리고 우리는 학창 시절부터 그렇게 하는 방법을 배워왔다. 1969년 프라하 바츨라프 광장에서 바르샤바 조약의 침략에 항의하며 분신한 얀 팔라흐Jan Palach의 자살을 누가 감히 비난하고 낙인찍을 수 있을까? 중화인민공화국의 정책에 항의하는 티베트인들은 어떤가? 수적으로도 전투력으로도 적보다 열세인 상황에서 항복하는 대신에 마지막 한 방울의 피를 흘리며 방어선을 구축한 병사들은 어떠한가?

문제는 자신의 생명을 의식적으로 포기하는 인간의 능력이 그 자체로 도덕적으로 비난받을 만한 것이 아니라는 점이다. 자살은 사회적 기대치에 어긋날 때만 비난받는다. 사회적 기대치에 순응하는 자살이라면 그런 규칙을 만든 사회는 죽음을 미화한다. 그러나 우리의 역사 선생에게, 그 뒤를 따르는 우리에게 그 경계선이 과연 그렇게 선명하게 보일까?

자신의 조국(이상, 종교, 정당)을 위해 목숨을 바치는 저항은 종종 상대측에게는 광분한 반란일 뿐이다. 2001년 9월 11일 세계무역센터 빌딩을 향해 비행기를 몰고 돌진한 자살자들은 어떤 사람에게는 영웅이자 순교자, 성인이 되었지만 다른 사람에게는 파괴적 광기에 사로잡혀 자멸을 초래한 살인범들이었다. 어딘가에 선을 그어 이 자살의 가치를 판단하는 것이 가능할까? 아니면 그 가치는 언제나 상충하는 수렁에 갇히고 마는 것일까? 나치 점령기인 1944년에 일어났던 바르샤바 봉기에 대한 폴란드인의 시각은 오늘날도 극명하게 갈려 무책임한 자기 파괴적 행위라고 생각하는 사람과 타인을 위한 자기 희생의 상징이 되었다고 생각하는 사람으로 나뉜다. 전자는 봉기를 일으키라는 수치스러운 명령으로 약 20만 명(그중 상당수가 어린이)이 불필요하게 죽고 도시는 완전히 파괴되었지만 아무런 성과도 없었다고 말한다. 후자는 이를 역사상 전례 없는 용기와 희생의 행동이라고 평가한다.

죽음의 수학

그러나 이러한 경계를 항상 역사적 주목을 받는 사건에서만 찾을 필요는 없다. 경계는 현재 우리 현실의 다양한 영역에 걸쳐 있다. 저항군의 하나가 점령군에 사로잡힌다. 그는 자신의 나약함으로 동료를 배신하는 결과를 불러올까 두려워한다.

그래서 그는 고귀한 자기 희생의 행동으로서 청산가리 캡슐을 입에 물고 깨문다. 그의 행동이 조금이라도 알려진다면 그는 역사에 기록될 것이며 미래 세대의 시인과 교사에 의해 회자될 것이다.

그러나 말기 대장암 진단을 받은 한 어머니가 참을 수 없는 고통과 굴욕감에 시달리고 대변을 쏟아내며 모든 존엄성을 박탈당해 타인의 보살핌에 온전히 기댈 수밖에 없는 현실에 마주할 때, 그녀는 자신과 사랑하는 사람이 수개월 동안 겪게 될 불필요한 고통과 굴욕감, 연명 치료로 인한 막대한 사회적 비용을 고려해 일찍 자신의 삶을 끝내려고 결심한다. 그녀는 신이 주신 생명의 선물을 거부함으로써 죄를 짓는다. 앞의 예에서와 마찬가지로 그녀가 자신의 나약함에 대한 두려움과 다른 사람을 보호하려는 마음으로 그랬다고 해도 그것은 별로 중요하지 않다.

그녀는 절대 성인 후보로 지명되지 않을 것이다. 아마도 개중에는 그녀의 행동을 이해하려는 소수의 사람이 있을 수 있다. 그러나 더 많은 사람이 그녀를 비난할 것이다. 비난하는 사람 중에는 신의 이름을 입에 올리며 그 자멸적인 자살을 신의 제단으로 가져오는 사람도 있을 것이다. 존엄한 죽음을 위한 캠페인을 전개하는 단체는 절망적으로 고통받는 사람의 죽을 권리를 인정받기 위한 투쟁과 그 과정에서 마주친 어려움에 대한 많은 개인적 이야기를 들려준다.[3]

공동체의 이익을 위해 이 두 가지 방정식을 비교할 수 있는 수학이 있는가? 분명히 대수학은 아닐 것이다. 대수학을 사용하면 놀랄 만큼 비슷한 결과를 얻을 수 있기 때문이다. 문화적 필연성에 따라 시신은 각각 다른 옷을 걸치고 다른 관에 들어가게 된다.

이기적 자살과 이타적 자살의 직관적 차이점은 이 문제를 다룬 에밀 뒤르켐Emil Durkheim이 정의했다. 그에 따르면 "이기적 자살은 더 이상 삶에서 존재의 근거를 찾지 못하는 사람에게서 비롯되고, 이타적 자살은 존재의 근거가 삶 그 너머에 있는 것처럼 보이기 때문에 발생한다." 첫 번째 유형의 자살은 장기간에 걸친 소속감 결여 즉, 그 공동체에 통합되지 못했다는 느낌을 반영한다. 이는 자살자가 붙잡을 것이 없다는 감각이다. 이타적 자살은 불충분한 개체화의 결과이다. 이타적 자살의 목표는 사회를 위해 일하는 것이다.[4] 뒤르켐의 분류는 개인의 목표보다 집단의 목표가 우선함을 확인해 준다. 하지만 개인의 목표보다 집단의 목표가 도덕적으로 우월하다는 인식(이것은 대부분의 사람에게 명백하게 느껴진다)은 어디에서 오는 것일까?

금욕주의와 고행, 또는 정신병리학?

현대 정신의학과 정신병리학은 자해와 자살 시도를 정신 질환의 증상으로 간주하는 데 거의 만장일치로 동의한다. 《정신 질환 진단 및 통계 편람》 5판과 이전 판의 편람에서 자살은 주로 주요 우울 장애 및 경계성 인격 장애의 특정 증상, 또는 다른 정신과적 진단의 부정적 결과로 나타날 수 있다고 개념화된다.[5] 자해는 비자살성 자해 장애라고 한다.[6]

정신과 의사와 심리 치료사는 이러한 행동을 분류해 예방하고 치료하려 노력한다. 때때로 의문이 제기되기도 하지만 이러한 사고방식은 자기 파괴적 행동에 대처하는 공동체의 태도에서 비롯된 직접적 결과이다. 방금 자해하여 상당한 양의 피를 흘린 사람은 도움을 받아야 한다. 아마도 우리는 왜 그런 행동을 했는지 곰곰이 생각해 보겠지만 그렇다고 우리의 시각에서 그 행동이 온전히 인정을 받을지는 의문이다. 그런 사람이 역할 모델이 될 수 있다고 가정하는 것은 그야말로 미친 짓이다.

누군가 산 채로 가죽이 벗겨지거나 끓는 기름에 익사하거나 야생 동물의 이빨에 찢기거나, 종교의 이름으로 화형을 당하기를 바라는 것은 다른 문제이다. 당시에는 성녀 소화 데레사처럼 자신의 이런 바람을 공개적으로 표현하고, 존경을 받고, 역할 모델이 되고, 궁극적으로 성인이 될 수 있었다.

진단 편람에서는 위의 첫 번째 사례와 두 번째 사례의 차이점을 찾을 수 없다. 그들의 행동 증상은 성격 장애를 다룬 섹션에서 함께 설명된다. 자해로 인한 자살로 사망하면 첫 번째 경우의 자살자 무덤은 묘지 울타리 바깥으로 밀려나고 두 번째 경우의 무덤은 교회 본당의 다른 성도 사이에서 찾을 수 있는데 이는 이미 성 바오로가 〈로마 신자들에게 보낸 서간〉에서 다음과 같이 말했기 때문이다. "육신에 따라 살면 반드시 죽을 것이나 성령의 힘으로 육체의 충동을 억제하면 살 것입

니다."(8:13) 성 바오로는 〈콜로새 신자들에게 보낸 서간〉에서
도 마찬가지로 열렬히 권면했다. "그러므로 여러분 안에 있는
현세적인 것들, 곧 불륜, 더러움, 욕정, 나쁜 욕망, 탐욕을 죽이
십시오. 이는 우상 숭배입니다."(3:5)

순교자의 자기 파괴는 이 논쟁의 수사학적 목적을 위해
여기서 언급한 중세 시대에만 한정된 영역은 아니다. 로마 교
황청 그레고리오대학교의 영성연구소 소장인 예수회 신부 미
할리 센트마토니Mihaly Szentmartoni는 단식에서부터 스스로 채
찍질을 가하는 것에 이르기까지 고행은 수 세기 동안 이어져
온 자기 수양이며 자유를 행사하는 방법이라고 생각한다. 그
는 "채찍질과 신체에 고통을 가하는 기타 다른 고행(족쇄, 신발
에 자갈 박기 등)은 그 사람이 고통의 주인이라는 것을 보여주
기 위해 사용된다"라고 말했다.[7]

오늘날 필리핀의 사순절 기간에는 그리스도를 열렬히 따
르는 신자일수록 자기 몸을 자해하는 광풍에 휩싸인다. 가시,
갈고리, 쇠사슬, 가죽 채찍, 못 등 전통적으로 수난과 관련된
도구가 등장한다. 신자는 이런 물건을 연극적 소품으로 사용
하는 것이 아니라 제작 목적에 충실한 실제 도구로 사용한다.
신자에게 치료적 처치를 해주는 이는 아무도 없다. 신자는 형
제들의 존경을 받고, 많은 관광객을 끌어들이며, 어느 정도 문
명화되었다고 평가되는 국가의 TV 방송국은 카니발 행사 때
와 마찬가지로 그러한 광경을 담은 동영상을 방영한다.

계몽된 금기

어느 날 밤 이국적인 도시의 금지 구역에서 마지막 저녁 버스를 놓치고 걸어가기로 마음을 먹은 한 관광객이 죽었을 때, 우리는 어리석은 자살처럼 보이는 무모한 그 죽음 앞에서 그저 어깨를 한번 으쓱일 뿐이다. 하지만 독립을 위해 싸우는 제3세계 국가의 게릴라 사이로 선교 사명을 안고 나갔던 선교사가 죽는다면 얘기는 달라진다. 그의 순교는 역사의 한 페이지에 황금색 글씨로 기록될 것이다.

국가, 조국, 동포, 가족, 명예, 신, 종교, 당, 독립, 이상 등은 자살로 인한 죽음을 아름답게 보편적으로 포장하는 단어이다. 우리는 그 안에 무엇이 숨겨져 있는지 그 속을 들여다보는 일이 거의 없는데 그 이유는 우리를 보호하는 국제 검열 시스템이 있기 때문이다.

자살에 대한 대중 보도 제한에 관한 협약은 국제보건기구와 언론이 함께 개발했다. 주요 저널리즘 학교와 언론인협회는 Reportingonsuicide.com에 명시된 협약을 준수한다. 그리고 그 내용은 매우 간단해서 한 문장으로 요약할 수 있다. "보도는 적을수록 좋다."

물론 오늘의 우리는 수 세기 전에 우리의 조상이 품었던 자살에 대한 원시적 두려움에 기반한 금기와는 거리가 멀다. 우리의 금지 조치에는 합리적이고 과학적인 근거가 있다. 6장에서 언급했듯이 사회학자와 심리학자는 자살에 대한 언론의 대대적인 보도가 베르테르 효과로 알려진 모방 효과를 유발한다는 사실을 연구를 통해 밝혀냈다. 이 경우 언론 보도는 다른 사람들이 자극받는 일이 없도록 삼가는 것이 최선이다.

그러나 이는 문제를 다루는 간단한 방법일 뿐 문제를 해결하는 방법은 아니다. 세계보건기구에 따르면 1960년대 이후 전 세계 자살률은 60% 증가했다. 현재 자살은 10번째로 흔한 사망 원인이며 6장에서 살펴본 바와 같이, 알려진 모든 예방 방법의 성공률은 9%에 불과하며 지난 50년 동안 개선되지 않았다.[8] 게다가 큰 변화가 일어날 조짐도 보이지 않는다. 분명히 자살에 대한 현대의 '계몽된' 금기는 매우 잘 작동하고 있는데 이는 금기가 없으면 상황이 더 나빠질 수 있다는 주장 덕분이다.

그러나 멀리 떨어진, 통계적 관점에서 현상을 바라볼 때 우리는 너무 자주 단순화의 희생양이 된다. 평균이라는 쾌적한 실내 온도 속에 있는 누군가를 자세히 살펴보면 한 손은 얼음 양동이 속에서 얼고 다른 손은 불타는 벽난로 속에서 지글지글 소리를 낸다는 것을 알 수 있다. 이는 유명인의 자살을 모방하는 것, 그리고 베르테르 효과와 다르지 않은데 자살을 보도하는 방식이 자살 건수를 크게 줄일 수 있다는 사실이 밝혀졌기 때문이다. 하지만 Reportingonsuicide.org에 있는 내용 중에서 이러한 연구에서 얻은 권고를 찾을 수는 없다. 그저 "보도는 적을수록 좋다"라는 권고만 볼 수 있다.

죽을 권리인가, 살아야 할 의무인가?

모든 사람은 태어났다는 사실 자체에서 절대 양도할 수 없는 죽을 권리를 가지고 있다. 그러나 이런 말은 이상하다. 다른 모든 법칙은 어떤 생명력과 관련 있는데 죽음은 그 모든 법칙을 거스르고 생명을 박탈하는 유일한 것이기 때문이다. 대부분의 현대 사회는 개인에게 부과된 조건 아래서 그가 죽음을 실행하기를 원하지 않을 경우, 개인의 죽을 권리를 인정하지 않는다. 아마도 이것은 우리가 죽음을 분명하게 악으로 취급하고 결과적으로 다른 사람들에게 살아야 할 의무를 부과했기 때문일 것이다. 대부분의 사람에게 이 의무는 비용이 들지 않을 뿐만 아니라 특권처럼 여겨진다. 그러나 이는 불치병 환자가 상상할 수 없는 고통의 대가를 치러야 할 때는 더 이상 작동하지 않는다. 이런 경우를 저울에 올려놓는다면 죽음의 악은 고통의 악보다 훨씬 더 가볍다. 우리는 아픈 동물과 관련하여 그러한 판단을 내리는 데 아무런 문제가 없다. 그러나 사람에게만큼은 살아야 할 권리를 부담하고는 우리가 받아들일 수 있게끔 포장되었을 때만 죽을 권리를 부여한다.

8

"그래도 네가 했어",
정의로운 폭도를 막아라[1]

결백함에는 악에 대항할 힘이 없다.

어슐러 K. 르귄

수년 동안 유타주의 작은 마을, 스노힐에는 표지판이 하나 서 있었다. "사람의 장화 발은 이곳의 먼지를 천년 동안 걸어낼 수 있지만, 인간이 할 수 있는 어떤 것도 이곳에서 쓰러진 불쌍한 사람들의 핏자국을 지울 수는 없다." 이 표지판은 1899년 그곳에서 발생한 소위 '1899년의 눈보라'로 희생된 사람들을 기리기 위해 세워졌다. 미국 전역에 불어닥친 유난히 혹독한 그 겨울 동안 식량을 훔치던 많은 사람이 목숨을 잃었다. 이들은 당시 사법 당국이 발부한 체포 영장에 따라 현상금을 노린 사냥꾼들에 의해 살해당했다. 스노힐 사건은 사법부가 현상금 사냥꾼을 이용하는 것에 대한 대중의 거센 비난으로 이어졌다.

안전을 추구하다

안전에 대한 욕구는 인간의 기본적인 욕구이다. 인류는 태초부터 자연의 힘에 의한 위협뿐만 아니라 다른 사람에 의한 위협도 제거하기 위해 노력해 왔다. 타인의 원치 않는 행동에 대한 두려움 때문에 우리는 법을 만들었고 이를 근거로 우리의 안전을 위협하는 범죄자를 기소한다. 범죄율은 특정 국가나 도시에 거주하는 사람의 안녕을 측정하는 데 사용되는 중요한 지표 중 하나이다.[2]

그런데 안전을 집단적으로 추구하는 데에는 아무런 위협도 포함되어 있지 않으며 범죄와 싸우는 일 자체가 좋은 일이라고 생각하는 것 같다. 하지만 안타깝게도 그렇게 보이는 것일 뿐인데, 이는 옛날 서부 시대의 이야기만은 아니다. 마찬가지로 민주주의가 발달한 국가에 거주하는 지역 사회에서 범죄를 없애야 한다는 압박은 종종 유기체의 면역 체계가 자신의 세포와 조직을 파괴하는 자가 면역 질환의 형태로 나타난다. 이와 유사하게 흉포한 범죄를 우려하는 사회는 안전을 회복하기 위해 개인을 파괴한다.[3]

미국의 비정부기구인 이노센스 프로젝트Innocence Project는

DNA 자료를 분석하지 않은 재판에서 내려진 유죄 판결에 항소를 제기하기 위해 DNA 검사를 활용했다. 그 결과 재판 시스템이 다음 6가지 방법 중 한 가지 이상에서 피고에게 불리하게 작용한 것으로 나타났다. 목격자의 오인, 잘못된 법의학, 허위 자백, 신뢰할 수 없는 경찰 정보원, 정부의 위법 행위, 무능력한 국선 변호 체계. 이노센스 프로젝트는 375명의 죄수가 저지르지 않은 범죄에 대해 무죄를 선고받는 데 도움을 주었으며 그중 21명은 사형에 직면했던 상황이었다. 이 죄수들의 총 복역 기간은 5284년에 달한다. 안전한 삶을 추구한다는 미명하에 사회는 정작 이 사람들이 마땅히 누려야 할 안전한 삶을 박탈하고 말았다.[4]

눈을 가린 여신, 테미스의 희생양

무고한 사람이 처벌을 받는 이유는 안전을 추구하기 때문만은 아니다. 처벌과 보복에 대한 충동은 훨씬 더 심각한 결과를 초래한다. 비록 사람들이 사형을 공정한 처벌로 온전히 받아들이지 않고 또 전 세계적으로 그 추세가 감소하고는 있지만 사형은 여전히 무고한 인명을 희생시키는 한 원인이다.[5] 이노센스 프로젝트의 회원들은 미국에서 내려지는 사형 선고 9건 중 1건은 무고한 사람에게 내려진다고 믿지만 DNA 검사를 통해 그 규모를 대략적으로만 알 수 있을 뿐 정확한 규모는 아무도 알지 못한다. 이노센스 프로젝트가 수집한 수치는 억울하게 누명을 쓴 사람에게 사회가 얼마나 큰 피해를 입히고 있는지를 보여준다. 안전을 위해 정말 그렇게 많은 대가를 치러야만 하는 걸까?

이노센스 프로젝트에서 수집한 데이터는 허위 고소의 규모뿐만 아니라 용의자 식별 및 유죄 판결에 수반되는 근본적인 편견을 드러낸다. 전체 사례 중 흑인 관련 사례가 60%에 달하며 백인은 31%, 라틴계 8%, 아시아계 미국인이 약 1%를 차지한다. 1% 미만의 아메리카 원주민과 기타 인종에 관해 수집된 데이터는 많은 사람의 마음속에 여전히 존재하는 범죄자에 대한 고정관념을 반영한다. 연구팀의 데이터에 따르면 무고한 흑인이 무고한 백인보다 살인죄로 억울하게 유죄 판결을 받을 확률이 7배나 높다. 국립무죄등록소National Registry of Exonerations에서 수집한 데이터는 이 비참한 고정관념을 여실히 확인해 준다. 아프리카계 미국인은 미국 인구의 13%에 불과하지만 알려진 무죄 판결의 47%가 이들과 관련되어 있다.[6] 통계기관인 경찰폭력지도Mapping Police Violence에 따르면 2017년에 경찰에 의해 사살된 비무장 민간인 149명 중 49명이 흑인이었기 때문에 이러한 고정관념은 법 집행관도 공유하고 있을 것이다.[7] 무죄등록소에 따르면 억울한 살인 유죄 판결에서 무죄를 선고받은 흑인 사건은 백인 피고인과 관련된 유사한 사건보다 경찰의 위법 행위와 관련이 있을 가능성이 22% 더 높게 나타났다.[8] 여러 연구는 흑인, 라틴계, 유색인종 공동체는 범죄가 발생하지 않았을 때조차도 경찰에 의해 저지당하고, 수색을 받고, 범죄자로 의심받을 가능성이 높다는 점을 보여

준다.[9]

하지만 사법 제도가 시민을 대하는 방식에 영향을 미치는 것은 인종만이 아니다. 사회적 계급도 마찬가지로 중요하게 작용한다. 경제 수준이 낮은 계층의 사람은 부유한 사람에 비해 범죄로 체포되고 유죄 판결을 받고 수감될 가능성이 더 높다.[10] 화이트칼라 범죄는 전통적으로 형사 사법 시스템에서 길거리 범죄보다 덜 엄격하게 취급되어 왔으며 가난한 가해자는 부유한 가해자보다 더 무거운 형을 선고받는다.[11] 불법 투옥 여부에 관련해서는 신뢰할 수 있는 데이터가 없는 탓에 언급하지 않겠다. 누군가에게 내려진 유죄 판결이 정당한지 혹은 부당한지 여부는 항소심이 열리지 않는 한 알 길이 없다. 판단의 타당성을 검증하고 그 데이터를 제공하는 상급 기관이 없다. 가난한 사람이 부유한 사람보다 더 자주 체포된다는 사실은 그들이 더 자주 재판에 회부되고 있음을 보여주며 이는 통계적으로 더 빈번한 법정 오류로 이어질 수밖에 없다. 반면에 체포의 정당성은 법원의 판결에 의해서만 확인되며 그 유효성은 확인할 수 없으므로 악순환이 계속되고 있는 현실이다.

정신 질환을 가진 사람도 비슷한 고정관념의 희생양이 된다. 대중의 인식 속에서 정신 질환과 폭력은 밀접한 불가분의 관계이며 사람들은 정신 질환을 위협과 동일선상에 놓는다. 이러한 인식은 정신 질환자가 저지른 폭력 범죄, 특히 총기 난사 사건을 선정적으로 보도하고 정신 질환이 원인이라고 초점을 맞추는 미디어에 의해 더욱 증폭된다. 그러나 많은 데이터는 그러한 인식이 잘못됐음을 시사한다. 정신 질환이 있는 사람은 오히려 일반인보다 폭력 범죄의 피해자가 될 가능성이 더 높고 가해자가 될 가능성은 평균적으로 더 낮다.[12] 이러한 편견은 형사 사법 시스템까지 이어져 정신 질환을 가진 사람들은 범죄자로 취급되어 체포되고 기소되어 일반인에 비해 더 오랜 기간 수감된다.[13]

무고의 규모

특정 유형의 고발 데이터는 허위 고소의 희생양이 되기 쉬운 영역이 따로 있음을 보여준다. 특히 눈에 띄는 것은 성희롱 및 소아 성애에 대한 허위 고소이다. 많은 연구에 따르면 성희롱 고소의 최대 10%가 근거가 없는 것으로 나타났으며 이혼 소송의 경우 전체 고소의 최대 30%까지 허위일 수 있다고 한다.[14, 15] 1987년에서 1995년 사이에 미국에서 수행된 많은 연구 결과에 따르면 보고된 아동 성학대 사례 중 허위 고소의 비율은 6%에서 35%에 달했다.[16] 반면 1992년 메타 분석에 따르면 성희롱에 대한 허위 신고가 전체 신고의 2%에서 10%를 차지했다.[17]

캐나다에서는 교사에 대한 성희롱 고발이 유행처럼 번진 후 10년 만에 전체 남성 교사의 거의 절반이 교직을 떠났는데 부당한 사회적 낙인에 대한 두려움이 그 원인이었을 가능성이 높다.[18] 이와 관련된 데이터가 존재하지 않기 때문에 직업을 그만두기로 한 모든 결정이 허위 고소에 대한 두려움 때문인지는 알 수 없다. 그러나 다행히도 북부캐나다교육및예술센터Northern Canadian Centre for Education & the Arts의 연구진의 획기적인 연구 덕분에 다음과 같은 사실을 알게 되었다. 예를 들어 북부 온타리오 교육부의 초등/중등 교사 교육 인증 프로그램에 등록한 남성 지원자 중 13%(7명 중 1명)가 학생과 부적절한 접촉을 의심받아 허위 고발을 당한 적이 있음을 보고했다.[19] 호주교육노조에 따르면 호주에서 남성 교사에 대한 성학대 관련 고발의 50% 이상이 근거가 없는 것으로 밝혀졌다. 그들은 아동 성범죄로 억울하게 기소될 수 있다는 두려움이 젊은 남성들이 교사를 직업으로 선택하지 않는 가장 큰 이유라고 주장한다.[20]

소아 성애는 가장 역겹고 끔찍한 범죄이기 때문에 가해 소식을 접한 대중의 반응은 법 집행 기관과 사법부를 향한 강력한 압력으로 나타난다. 이러한 압력은 합리적 의심이 있을지라도 유죄가 입증될 때까지는 무죄로 추정한다는, 양도할 수 없는 무죄 추정의 원칙이라는 권리마저 거부하게 만든다. "이런 괴물들이 자유롭게 돌아다니게 놔두느니 차라리 무고한 몇 명을 고발하는 것이 낫다"는 언급은 소아 성애에 분노한 전형적인 논평이다. 그러나 이러한 말을 한 사람들은 무죄 추정의 원칙이 적용되지 않을 때 자신도 쉽게 무고한 피해자의 한 사람이 될 수 있다는 사실을 거의 고려하지 않는다.

여론이 개입할 때

특히 혐오스러운 범죄가 발생하면 언론과 대중은 법 집행 기관과 사법부에 책임을 묻는다. 정의를 실현하는 데 있어 느리게 대처하고 '강력한 조치'가 부족하다는 주장은 흔히 있는 일이다. 이러한 압박 속에서 범인은 신속하게 밝혀진다.[21] 그러나 수년 후, 무고한 사람들의 유죄 판결에 영향을 미친 수사 및 법원 절차의 부정이 드러나면 압력을 가했던 그 같은 대중의 여론은 무고한 사람들에게 보상과 사과를 하고 이러한 부정 행위의 가해자를 처벌해야 한다고 요구한다.[22]

이러한 상황을 보여주는 전례 없는 사례로는 2004년 프랑스 북부에서 18건의 아동 성학대 혐의가 제기된 이른바 '오트로Outreau 재판'이 있다. 이 사건은 미디어에 의해 상당히 감정적으로 전달되는 소아 성애 사건에서 무죄 추정의 원칙이 전혀 존중되지 않을 수 있음을 여실히 보여주었다. 재판이 시작된 첫 4년 동안 미디어는 아동에게 가장 끔찍한 행위를 저지른 피고인 남성과 여성에 대해 거의 사전 재판을 가함으로써 사법부를 향한 대중의 압박을 조성했다.[23] 그러나 1심 재판과 이후 항소심 재판에서 학대 혐의로 유죄 판결을 받은 주요한 검찰 증인이 사건에 연루된 14명의 용의자에 대해 거짓 증언을 했다는 사실이 드러났고 실제로 용의자들은 무죄 판결을 받았다. 그럼에도 이들 중 상당수는 수년간 구금 생활을 했고 한 명은 감옥에서 사망했다. 오트로 재판은 프랑스에서 전국적인 분노를 불러일으켰고 언론인, 정치인, 대중은 어떻게 사법부에서 이런 실수가 일어날 수 있었는지, 어떻게 무고한 남녀가 근거 없는 의혹으로 수년 동안 감옥에 갇혀 있어야 했는지 해명을 요구했다. 이러한 상황에서 늘 그렇듯이 실수에 책임이 있는 사람을 처벌하라는 요구가 이어졌다.

사회는 무고한 사람을 위한 정의를 부르짖지만 소아 성애 혐의로 기소되어 구금을 당한 사람들에 관한 언론 보도는 더 늘어나고 있으며 그들은 때로 지역 사회나 동료 수감자에 의해서 사적인 폭력을 당하기도 한다.[24,25] 마치 아무도 오트로 재판과 비슷한 사건을 기억조차 하지 못하는 듯 혐오로 가득 찬 댓글 속에서 상식을 요구하는 댓글은 사라져 버렸다. 로마법의 유산이자 전 세계의 법, 혹은 적어도 문명화된 일부 국가의 법의 근간이 되는 무죄 추정의 원칙이 유보되고 있는 현실이다. "무고한 사람 몇 명을 유죄로 판결해 버리는 편이 더 낫다……."

고발인에 대한 면책

우리가 가정 폭력을 비롯하여 인신매매, 괴롭힘, 부정부패, 세금 사기, 의료 과실 및 기타 유사한 범죄의 실제 규모를 가늠할 수 없는 것처럼 억울하게 기소되어 유죄 판결을 받은 사람의 실제 규모도 알 수 없다. 무고 가해자는 통계청에 신고를 하지 않는다. 그러므로 우리가 파악할 수 있는 숫자는 빙산의 일각에 불과하다. 우리도 언젠가 근거 없이 형사 피의자가

2부 삶과 죽음의 경계 흐리기

되어 삶의 안전망을 완전히 잃는 경험을 하게 될지 알 수 없는 일이다. 반면에 자동차 사고의 피해자가 되거나 불치병에 걸리거나 특정 범죄의 피해자가 될 확률 등은 계산할 수 있는데 우리 중 많은 사람은 그러한 운명을 초래할 수 있는 요인과 사건에서 멀리 떨어져 있다는 행복한 착각 속에 산다. 그래서인지 사람들은 군중에 휩쓸려 무자비한 기소를 요구하며 무죄 추정의 권리를 망각한다.

오늘날 많은 국가에서 교사, 의사, 트레이너, 치료사, 교육자, 부모는 지금껏 천사처럼 살아왔다 해도 미성년자 학대 혐의로 고발을 당하면, 그것만으로도 예방적 구금에 처해질 수 있다. 이런 상황은 토마스 빈터버그Thomas Vinterberg 감독의 덴마크-스웨덴 합작 영화 〈헌트Hunt〉에서 잘 그려졌다. 사회는 소아 성애 범죄에 무분별한 비난을 가해 기소 시 무죄 추정을 배제한다. 구금된 동안 이런 종류의 혐의가 의심될 때마다 피고인은 동료 죄수의 증오에 직면하게 될 것이며 거침없이 자신의 정의를 실현하려는 동료 죄수들 앞에서 무죄 추정의 원칙을 지향하는 로마 법은 별 구속력을 갖지 못한다.[26] 만약 피고인이 동시에 여러 명이 수용되는 감방에 갇히게 된다면 그들은 문명화된 세상에서 현재 사람들이 서로에게 가할 수 있는 최악의 고문에 직면할 것이다. 교도소 측에서 그들이 살아남을 수 있도록 보호해 준다면 고마운 일이나 그렇게 생존한다고 해도 그들은 남은 삶이 너무나 버거워서 시시때때로 자신의 삶과 헤어질 기회를 찾게 될 것이다. 우리와 이 현실 사이에 오직 한 가지, 입증되지 않은 기소가 존재한다는 사실을 나는 다시 한번 강조하고 싶다.

또한 허위 고소에 대한 처벌이 억울하게 누명을 쓴 사람에 대한 처벌보다 훨씬 낮다는 점도 언급할 가치가 있다. 많은 국가에서 강간 및 소아 성애에 대한 처벌은 허위 고소에 대한 처벌보다 10배나 더 높다.[27] 허위 고소에 대한 대부분의 처벌은 몇 달간의 집행유예 선고를 받을 뿐이다. 그러한 사례조차도 사법 실무에서 찾아보기 매우 어렵다. 또한 (허위 고소에 자주 이용되는) 전문 법의학 심리학자가 허위 진술로 기소되는 경우도 극히 드물다. 무고죄와 관련하여 내가 들어본 가장 가혹한 중형은 강간 및 성폭행 혐의에 대한 거짓 고발로 10년간 수감된 젬마 빌Jemma Beale 사건이었다. 젬마 빌은 3년 동안 네 차례에 걸쳐 6명의 남성에게 심각한 성폭행을 당했고 모두 9명의 낯선 사람에게 강간을 당했다는 허위 주장을 했다.[28]

소아 성애 또는 성희롱에 대한 허위 고소로 시작된 사건에서 피고인만 피해자가 되는 것은 아니다. 심문, 전문가에 의한 반복적인 조사, (최종적으로) 법원 심리 참여, 그리고 일어나지도 않은 사건을 보고해야 하는 등의 모든 상황은 이 과정에서 피해자로 추정된 사람의 정신에 영향을 미친다.[29] 아동의 경우, 이는 종종 실제 소아 성애 행위로 인한 것과 유사한 강도의 트라우마로 이어진다.[30] 따라서 범죄자를 추적하는 사람의 관점에서 볼 때 그러한 불필요한 피해에 대한 처벌은 그러한 행위가 초래했을 피해에 상응하는 것이어야 마땅하다.

시스템 오류

그러나 허위 진술에 대한 처벌을 강화하는 것만이 법 제도를 개선할 수 있는 유일한 방법은 아니다. 목격자의 오인은 무고한 사람에 대한 다수 판결에서 핵심적 역할을 하기 때문에 배심원은 개인의 기억 회상 능력에 영향을 미치는 요인에 따라 신뢰할 수 있는 목격자 증언과 신뢰할 수 없는 목격자 증언의 차이점을 교육받아야 한다.[31] 2006년에 발표된 연구 결과에 따르면 배심원은 일반적으로 기억이 어떻게 작동하는지, 특정 요인이 기억 형성에 어떤 영향을 미치는지 이해하지 못한다. 그들은 인간 기억의 선택성이나 최초 사건 이후 받은 정보에 의해 기억이 어떻게 변형될 수 있는지 알지 못한다. 또한 심문 과정에서 기억에 저장된 정보가 심문자가 알려준 정보와 어떤 식으로 혼합되는지도 알지 못한다.[32]

전문가들은 검증되지 않은 과학이 무고한 사람에게 많은 해를 끼칠 수 있다는 데 동의한다. 재판에서 제공된 법의학 증거가 나중에 무효로 판명되는 빈도를 알아보고자 실시한 연구에 따르면 유죄 판결 사례의 60%가 법의학 전문가가 과학적 증거를 잘못 진술하거나 허위 진술한 경우, 그 영향을 받은 것으로 나타났다. 이 증거에는 현미경 모발 비교, 혈청학적 분석, 물린 자국, 신발 자국, 토양, 섬유 및 지문 분석 등이 포함되었다.[33] 그럼에도 법원은 검찰이 선임한 전문가의 의견에만 의존하고 제시된 증거에 대한 교차 검증은 거의 하지 않는다.[34]

허위 자백의 가능성을 줄이는 한 방법은 피의자의 심문을 녹음하는 것으로 나중에 피의자에게 너무 과도한 압력을 가하는 심문이 있었는지 여부를 분석할 수 있다. 경찰 정보원의 신뢰성에도 주목할 가치가 있다. 정보원들은 종종 가벼운 처벌을 대가로 경찰에 협조하려는 동기를 가진 범죄자이다.[35]

무료 국선 변호사를 배정하는 제도 또한 중요하다. 빈곤층, 소수 민족, 정신 질환자 등이 재판에 회부되는 경우가 많음에도 그들에게는 유능한 변호사의 유료 서비스를 이용할 수 있는 기회가 매우 제한적이다. 이들에게 일반 시민과 동일한 수준으로 자신을 방어할 수 있는 능력을 부여하지 않으면 이들이 사법 시스템의 편견에 직면할 가능성은 더욱 커진다.[36]

군중의 자비

소아 성애 고발과 관련된 상황에서 사회는 마치 자가 면역 질환에 직면한 면역 체계와 유사한 행동을 한다. 자가 면역 질환은 자신의 세포와 조직을 인식하는 능력을 상실하여 위협에 대응하고자 자기 세포와 조직을 무자비하게 파괴하고 적대적인 유기체로 취급한다.

이러한 질병은 치료가 매우 어려운데 그 이유는 오류가 어디에서 발생했는지 파악한 뒤 자해 행위를 중단시켜야 하기 때문이다. 그렇게 하지 않으면 돌이킬 수 없는 변화를 초래하고 결과적으로 사망에 이를 수도 있다. 그러나 이 질환과 비슷하게 작동하는 사회적 반동을 막을 수 있는 것은 아무것도 없다. 때로 1899년 봄 스노힐에서처럼 스스로를 이성적인 종이라고 정의한 그 폭도들은 자신들이 저지른 참상을 바라보며 잠시나마 진지하게 정의를 요구하기도 한다. 그러면 지금까지 폭도들의 지시에 따라 행동한 사람들은 불안에 떨 것이다. 왜냐하면 이제 폭도들의 칼끝이 그들을 향하게 될 것이기 때문이다.

사형제 폐지에 찬성하는 주요 주장 중 하나는 무고한 사람을 처형하는 것에 대한 두려움이다. 이러한 두려움은 아마도 우리 대부분이 느끼는 무죄 추정에서 비롯된 것으로, 그 깊은 의미는 죽음에 직면했을 때 구체화된다. 오늘날 스스로를 현대적이며 교양이 있고 교육받았다고 생각하는 사람들은 사형 제도에 대해 부정적인 생각을 갖고 있다. 그러면서도 이 사람들은 매일 다른 수감자에게 가해지는 사법 당국의 행위에 대해서는 무관심하다. 그러한 실수가 그들의 양심에 부담으로 다가오지 않는 이유는 "무고한 몇 명에게 유죄 판결을 내리는 편이 더 낫기 때문이다……." 도덕성에 대한 그들만의 산술법이 따로 있는 것인가, 아니면 그들의 위선가?

19세기 후반, 서부 개척 시대의 정의는 현상금 사냥꾼에 의해 집행되었다. 그들은 목표물을 겨냥할 때 '생포하거나 사살하라'라는 단어를 가장 간단하고 편리한 방법으로 해석했다. 오늘날 21세기에는 전 세계 곳곳에서 스스로를 '소아 성애자 사냥꾼'이라고 부르는 사람들이 있다.[37] 그들은 분노하여 진짜 소아 성애자를 체포하라고 압박하고 때로는 무고한 사람을 고발하며 일부는 소아 성애와 싸우는 척하면서 그들이 맞서 싸우고 있다고 주장하는 바로 그 범죄를 저지르고 있다.[38] 2018년 미얀마에서는 폭력적인 군중이 경찰에게 소아 성애 용의자를 자기들에게 넘겨달라고 요구하는 과정에서 11명이 체포되었다.[39] 인도네시아에서는 2017년에 아동 성추행범으로 의심되는 남성을 폭도들이 공격하여 살해하는 사건이 있었다.[40] 인도에서는 아동 인신매매와 소아 성애에 대한 소문이 소셜 미디어 왓츠앱WhatsApp을 통해 퍼지면서 린치를 가하는 집단이 생겨나 최소 29명이 사망했다.[41] 우리 모두는 살면서 어느 날, 자칭 범죄자 사냥꾼의 수배자 명단에 오를 수도 있다. 과연 이런 상황이 바뀔 수 있을까?

어떻게 군중을 막을 것인가?

마크 트웨인은 1901년 폭력적인 린치가 증가하는 현상을 다룬 글에서 폭도의 힘을 줄이는 좋은 방법을 고민했다. 그는 용기를 가진 누군가가 폭도에 반기를 들 때 폭도가 잦아든다는 경향에서 희망을 끌어냈다. "참으로 용감한 남자 앞에서 모래를 뿌릴 폭도는 없다." 그는 "도덕적으로 용감한 남성"이 폭도와 맞서면 폭도들을 해산할 수 있다고 확신했다.[42] 마크 트웨인은 폭도들이 이미 거리로 나와 정의를 집행하기 시작했다는 상황을 지적한 점에서만 옳았다.

정의를 주장하는 폭도들을 막으려면 구조적 변화가 필요

하다. 가장 중요한 것은 사법 시스템의 투명성을 높이는 것이다. 시스템이 투명하면 사람들은 법률 체계가 어떻게 작동하는지 이해할 수 있고 따라서 신뢰할 수 있게 된다. 사법 집행이 부분적으로 금전, 물질적 재화, 기타 특권에 의존하면 범죄의 피해자와 목격자가 스스로 처벌에 나서도록 부추긴다. 따라서 부패를 최소화하는 것도 중요하다. 사법 시스템의 속도가 느리고 구제를 어렵게 만드는 관료주의 역시 사람들이 스스로 문제를 해결하도록 만든다. 그렇기에 관료주의를 약화하는 것도 중요하다. 폭도의 정의는 종종 사회적 불평등에서 기인하며 이를 줄이는 것이 폭도의 정의구현을 막는 방법이라는 점을 기억해야 한다. 끝으로, 법률 지식을 고려한 교육 시스템을 개선하는 것은 폭도들의 사법 행위를 예방하는 데 매우 중요하다. 사람들이 법을 알고 이해한다면 거리에서 정의를 구하지 않을 것이다.[43]

아일랜드의 철학자이자 정치가인 에드먼드 버크Edmund Burke는 다음과 같은 유명한 말을 했다. "악의 승리를 위해 필요한 유일한 것은 선한 사람이 아무것도 하지 않는 것이다." 나는 악이 승리하는 길은 더 간단하다고 생각한다. 선한 사람이 나서서 정의라고 착각하는 보복과 복수, 엄벌을 요구하면 그것으로도 악은 충분히 승리할 수 있다.

3부

과학의 제단 무너뜨리기

헌금을 봉헌하기 전에 제단을 자세히 살펴보라.

— 야누시 십코프스키

9

권위에 빠진 과학자의
장례식 치르기[1]

그 일이 있은 후에 하느님께서 아브라함을 시험해 보시려고 "아브라함아!" 하고 부르시자 그가 "예, 여기 있습니다" 하고 대답하였다. 그분께서 말씀하셨다. "너의 아들, 네가 사랑하는 외아들 이사악을 데리고 모리야 땅으로 가거라. 그곳, 내가 너에게 일러 주는 산에서 그를 나에게 번제물로 바쳐라." 아브라함은 아침 일찍 일어나 나귀에 안장을 얹고 두 하인과 아들 이사악을 데리고서는 번제물을 사를 장작을 팬 뒤 하느님께서 자기에게 말씀하신 곳으로 길을 떠났다. 사흘째 되는 날에 아브라함이 눈을 들자, 멀리 있는 그곳을 볼 수 있었다. 아브라함이 하인들에게 말하였다. "너희는 나귀와 함께 여기에 머물러 있어라. 나와 이 아이는 저리로 가서 경배하고 너희에게 돌아오겠다." 그리고 나서 아브라함은 장작을 가져다 아들 이사악에게 지우고 자기는 손에 불과 칼을 들었다. 그렇게 둘은 함께 걸어갔다. 이사악이 아버지 아브라함에게 "아버지!"하고 부르자 그가 "얘야, 왜 그러느냐?" 하고 대답하였다. 이사악이 "불과 장작은 여기 있는데 번제물로 바칠 양은 어디 있습니까?" 하고 묻자 아브라함이 "얘야, 번제물로 바칠 양은 하느님께서 손수 마련하실 거란다" 하고 대답하였다. 둘은 계속 함께 걸어갔다. 그들이 하느님께서 아브라함에게 말씀하신 곳에 다다르자 아브라함은 그곳에 제단을 쌓고 장작을 얹어 놓았다. 그러고 나서 아들 이사악을 묶어 제단 장작 위에 올려놓았다. 아브라함이 손을 뻗쳐 칼을 잡고 자기 아들을 죽이려 하였다. (〈창세기〉 22장 1 - 10).

이것은 아마도 문명이 우리에게 남긴 기록에서 찾을 수 있는, 권위에 대한 복종의 가장 충격적인 사례일 것이다. 아브라함의 정신으로 자행된 비극은 권위에 대한 충실함이 우리가 선언한 가치와 반대되는 다소 극적인 상황에서 항상 반복된다. 눈사태같이 쏟아지는 수많은 질문이 우리 머리를 덮친다. 항복하고 말 것인가? 왜 그래야 할까? 하필 왜 내게 이런 일이? 어떤 대가를 치러야 하는 것일까? 거기서 벗어나면 나는 얼마나 달라질까? 그러나 아브라함의 비극은 무자비하고 잔인한 권위에 대한 맹목적 복종을 보여주는 반면교사의 예로 거의 사용되지 않는다. 우리의 위계질서 사회는 본능적으로 권위자가 가진 특권을 옹호한다. 심지어 자기 비판을 최고의 가치로 여기는 과학에서조차 권위자를 신뢰한다. 왜일까?

원숭이가 주는 교훈

나는 동물계에서 복종(동물 사이에서는 분명한 현상)뿐만 아니라 맹목적인 모방이라는 메커니즘이 생물학적으로 정당한 기능을 하는 이유에 대한 해답을 찾았다. 아브라함의 드라마와 우리의 일상적인 딜레마(비극의 연속적인 반복)를 '동물적인' 관점에서 바라보면 역설적이게도 더 인간적인 차원이 드러날 수 있다.

동물행동학자 콘라드 로렌츠Konrad Lorenz는 그의 고전적인 저서 《공격성에 대하여On Aggression》에서 동물이 세대에서 세대로 정보를 전달하는 수단을 설명했다.[2] 분명히 가장 널리 퍼진 것은 유전적 전달이지만 더 발달한 동물은 사회적 학습을 통해 생존에 유용한 정보를 전달할 수 있다. 이 학습의 결과는 믿을 수 없을 정도로 놀랍다. 예를 들어 쥐는 수십 세대에 걸쳐 독이 든 음식 냄새에 대한 정보를 효과적으로 전달할 수 있다. 이런 일이 어떻게 일어날까? 무리의 우두머리 중 한 마리가 음식에 다가가 냄새를 맡는다. 먹이에 독이 있다고 판단되면 먹이를 먹지 않고 자리를 뜬다. 나머지 쥐는 그 냄새를 기억하기 위해 먹이에 다가가 냄새를 맡는다.

마지막으로 쥐들은 먹이에 똥과 오줌을 발라 먹기에 부적합하다고 경고한다. 심지어 먹이가 그러한 표시를 남기기 어려운 곳에 있을 때도 이렇게 행동한다. 한데 먹이에 독이 있어도 우두머리 쥐가 그 냄새를 모른다면 어떻게 될까? 아마도 우두머리 쥐는 생명을 잃는 대가를 치르겠지만 그러한 모험에서 살아남은 쥐들은 냄새를 더 잘 맡는 쥐를 전임자의 자리에 앉힐 것이다. 이런 식으로 권위를 맹목적으로 모방함으로써 쥐는 덫과 매복이 놓인 어려운 조건에서 살아남을 수 있을 뿐만 아니라 더욱 현명해져서 우리가 유전이라고 부르는 매우 느린 정보 전달 메커니즘에만 의존하지 않게 된다.

사회적으로 살아가는 동물은 종종 권위를 모방한다. 이는 로렌츠가 포획된 원숭이 무리를 대상으로 실시한 실험에서 매우 뚜렷하게 잘 드러난다. 원숭이 우리에 바나나가 든 통이 있었다. 원숭이들은 수없이 통 안에 손을 넣었지만 그 어떤 원숭이도 바나나를 건드리지 못했다. 로렌츠는 무리에서 낮은 서열에 속한 원숭이 한 마리를 격리한 후 바나나를 통에서 꺼내는 방법을 가르쳤다. 원숭이가 이 방법을 완벽하게 터득하자 다시 원숭이 무리 속으로 보냈다. 그 원숭이는 다른 원숭이들이 보는 앞에서 통에 있는 맛난 먹거리를 꺼내 먹었다. 그러나 나머지 원숭이는 아무도 그 원숭이의 행동을 따라 하지 않았다. 그러자 로렌츠는 원숭이 무리의 리더에게도 같은 방법을 썼다. 리더 원숭이를 격리하고 바나나를 통에서 꺼내는 법을 가르친 다음 다시 우리에 넣었다. 무소불위의 권위를 가진 그 수컷 원숭이가 바나나를 통에서 꺼내자 나머지 원숭이는 수컷의 행동을 면밀히 관찰했다. 곧 모든 원숭이가 어려움 없이 먹이에 접근하게 되었다.

이러한 경험은 인간에서도 마찬가지로 작용하며, 과학과 같은 정교한 분야에서 권위의 본질을 이해하는 중요한 열쇠가 될 수 있다. 아무리 지식이 있어도 다른 구성원에게 권위가 될 만큼 충분히 높은 위계적 지위를 차지하지 못한 원숭이를 다른 원숭이 무리가 모방하려는 시도조차 하지 않았다는 점은 놀랍다. 이 경우 권위를 모방하는 메커니즘은 적응적이지 않다는 결론에 도달할 수도 있다. 물론 이것은 연구자의 간섭이 원숭이 무리의 자연스러운 기능을 방해하는 환경에서 나올 수 있는 결론이다. 자연 상태에서는 계층 구조에서 낮은 위치를 차지하는 개체를 모방하는 행동이 더 적응적이지 않을 것이다. 서열의 최상위에는 힘과 체력, 지식, 학습 능력이 평균적인 구성원보다 훨씬 높은 동물이 있다. 이러한 뛰어난 역량은 모든 가식과 거짓을 제거하는 주변 환경 조건에 의해 지속적으로 검증되어 최상위층의 동물에게 적합한 사회적 지위를 보장해 준다. 이런 식으로 권위의 두 가지 요소인 능력과 지위가 하나로 합쳐지며 지배적인 개인을 따르는 것은 가장 유능한 동물을 모방하는 것과 같은 의미를 지닌다.

진보의 동력이라는 과학자의 장례식

그러나 원숭이를 대상으로 실험을 진행한 연구진은 능력과 지위라는 이 두 가지 요소를 분리하는 데 성공했으며, 자연적 요인이 아닌 다른 요인이 작용하는 인공적 조건에서는 지위가 능력보다 우선한다는 점을 보여주었다. 노출된 실험 환경에 있었던 원숭이 우리와 마찬가지로 인간이 자신의 필요에 따라 수정하고 적응해 온 환경은 더 이상 지식과 경험을 재는 척도가 아니게 된 지 오래이다. 오늘날 우리에게 가장 큰 영향력을 행사하는 사람은 유명 인사이다. 그들은 거의 전적으로 다른 사람의 관심의 중심에 자신을 두는 능력으로 스스로를 차별화하는, 유명한 것으로 유명한 사람이다. 그럼에도 우리는 마치 그들이 수십 세대의 지식을 가지고 있기라도 한 듯, 아무 생각 없이 똑같이 따라 한다. 자녀의 백신 접종을 고민하는 부모에게 의학 교수보다 훨씬 더 큰 영향력을 미치는 사람이 바로 유명인이다. 유전자 변형 식품이 세계 기아 문제를 해결할 수 있을지를 결정하는 사람은 유전학이나 생물학 교수가 아니라 제대로 배운 것도 없는 정치인과 함께하는 유명인이다. 기후 변화 문제는 우리가 경험하는 사례로서 지식 그 자체만을 가진 사람을 우리가 어떤 방식으로 대하는지 분명하게 보여준다.

그런데 이 모든 것이 인간의 자기 기만적 경향에 대응하는, 끊임없는 개선의 결과로 생겨난 유일한 인간 활동인 과학과 무슨 관련이 있을까? 안타깝지만 과학도 결코 예외가 아니다. 과학계에 종사하는 많은 사람은 과학에는 민주주의를 위한 자리가 없으며 종종 특정 개인이 학계 전체보다 더 옳게 여겨진다는 말에 동의할 것이다. 그런데도 형편없는 사람이지만 유명인으로서 학계의 주목을 받고 다른 학자들의 추종을 받아 자신의 경력을 유지하는 교수를 이길 수 없다는 걸 아는 사람

3부 과학의 제단 무너뜨리기

은 대학의 관리자뿐이다.

　이는 학계의 위선을 비통하게 보는 관찰자의 공허한 진술에 불과한 것이 아니다. 수년 전 피에르 아줄레Pierre Azoulay가 이끄는 메사추세츠공과대학교MIT 연구팀이 수집한 데이터를 보면 알 수 있다. 그는 다음과 같은 말을 한 물리학자 막스 플랑크Max Planck의 진술을 시험했다. "일반적으로 새로운 과학적 진리는 그에 반대하는 사람을 설득하여 생각을 바꾸게 만든다고 해서 곧바로 관철되지 않는다. 반대자들이 서서히 모두 소멸하고 처음부터 그 진리에 익숙한 후세대가 등장하고 나서야 비로소 가능하다." 〈과학자의 장례식은 과학을 발전시키는가〉라는 제목의 논문으로 발표된 연구의 결과는 우울한 대답을 들려준다. "그렇다, 과학 권위자의 죽음은 과학의 진보를 보장한다. 과학의 진보를 위해 그들이 할 수 있는 최선은 죽는 것이다."[3]

　MIT 연구팀의 분석에 따르면 스타 학자가 사망할 경우, 고인과 함께 일한 적이 없는 연구자가 쓴 출판물에서 사망한 스타 학자 분야의 논문이 평균 8.6% 증가하는 것으로 나타났다. 그뿐만 아니라 권위자의 서클에 속하지 못했던 학자의 연구가 권위자가 연구했던 분야 전반에 훨씬 더 큰 영향을 미쳤으며 권위자의 연구보다 더 자주 인용됐다.

　아줄레는 과학의 진보를 방해하는 것은 과학 권위자의 존재 자체가 아니라 그들이 정상에 오르면 충성심 높은 학생에 둘러싸여 너무 오래 그 자리에 머무르기 때문이라고 주장한다. 평균 연령이 길어지며 직업 활동의 평균 기간도 길어지는 데 이는 과학계에 좋은 징조가 아니다.

졸개들의 지배

그렇다면 권위를 구성하는 두 가지 요소, 즉 능력과 그에 수반되는 사회적 지위를 서로 안전하게 분리할 수 있는 방법은 있을까? 우리가 수렵 채집 부족으로 살았을 때의 인류의 모습에 대한 증거는 많지 않기는 해도 그 답은 '있다'인 것 같다. 인류학자 크리스토퍼 보엠Christopher Boehm이 이를 설명하는데 그는 채집 부족이 어떤 종류의 위계도 없이 산다는 생각이 기본적으로 잘못이라는 사실을 지적한다. 보엠은 식량을 채집하는 사람 사이에는 위계적 행동이 없는 것이 아니라 우리가 아는 것과는 다른 형태를 띤다고 제안했다. 그는 수렵 채집 부족에서는 지배력이 재조정되어 집단 전체가 지배적인 수컷을 엄격하게 '자신들의 손아귀'에 두는 것이지 그 반대가 아니라는 가설을 제시했다. 그는 평등주의로 인정받는 전 세계 여러 사회에서 이 가설을 성공적으로 시험했다. 따라서 그의 의견에 따르면, 수렵 채집 사회는 덩치 큰 유인원의 특징인 지배하려는 성향을 잃지 않았으며 오히려 다른 방식으로 사용했다.[4]

원시 부족의 식량 채집자와 그 구성원에 대한 대규모 샘플을 바탕으로 한 보엠의 연구를 통해 많은 흥미로운 속성이 드러났는데 특히 우리 분석에 필요한 한 가지 중요한 사실이 밝혀졌다. 도덕적 제재는 평등주의로 간주되는 집단에서 지배하려는 성향을 무력화하는 특별한 도구라는 점이다. 보엠은 집단의 위계 수준을 감소시키는 순응 능력을 '졸개들의 지배'라고 명명했다. 보엠은 식량 채집자 사이에서 개인주의를 억압하고 계층을 만드는 경향이 의식적이고 의도적이라는 사실을 강조한다. 하지만 어떻게 하면 빈대 잡으려다 초가삼간을 태우지 않으면서 위계를 억제하고 집단에서 평균 이상의 능력을 가진 개인의 권리를 박탈할 수 있을까?

보엠의 의견에 따르면 (평등주의적 의미에서) 가족을 제외한 모든 권력 사용을 도덕적으로 죄악시하고, 성인(적어도 성인 남성, 즉 가장) 간의 정치적 관계를 철학적으로 '평등'한 것으로 정의하는 부족은 개인의 가치를 인정하는 동시에 사냥이나 다른 부족과의 전쟁과 같이 역량이 필요할 때는 개인의 경쟁을 적극적으로 장려한다. 그들은 종종 '집단의 리더'를 인정하고 그에게 특별한 지위를 부여하지만 그것은 그가 권한을 남용하지 않는 한에서만 해당한다. 따라서 사냥이나 전투 중에 전문가에게 복종하지만 그 전문가에게 리더의 지위를 부여하지 않을 뿐만 아니라 그의 모든 지배 시도도 억누른다.

과학계에서 '졸개들의 지배'를 위한 자리가 있을까? 나는 희망을 잃지는 않지만 매우 회의적이다. 나의 회의론은 인간 활동에서 가장 자기 비판적인 영역에 종사하는 사람들이 담비 모피 가운, 왕의 지팡이, 사슬, 반지, 베레모, 토가에 대한 사랑이 식지 않았고 중세 계급주의에 흠뻑 젖어 있다는 사실에만 근거한 것이 아니다. 나의 의구심은 주로 과학, 특히 내가 가장 잘 아는 분야(심리학)에서 과학계 유명인이 사기꾼으로 판명되었을 때 그 권위를 박탈하는 작업이 불가능하다는 사실에서 비롯된다. 이와 동시에 아직 자기 입지를 마련하지 못한, 젊은 과학자가 권위자의 실수를 지적했다고 그를 파괴하고 구렁텅이로 내치는 것이 조금도 문제가 되지 않는 현 상황이 개탄스럽다.

지식의 공개

이미 몇 년 동안 공개적으로 논의되어 온 과학 위기의 시작은 21세기 초가 아니다. 심리학 분야만 해도 1960년대 초부터 심리학자 제이콥 코헨Jacob Cohen이 검증하고자 하는 가설과 반대되는 가설, 즉 귀무가설을 검증하는 방식을 정당화해야 한다고 요구했는데, 오늘날에 와서야 그 문제가 조금씩 인식되기 시작했다.[5] 그와 동시에 리로이 울린스Leroy Wolins와 그의 후계자들은 연구의 원데이터를 공개해야 한다고 주장했는데 반세기가 넘는 시간이 흘렀음에도 불구하고 많은 학자는 여전히 이러한 명제에 대해 적대적인 태도를 보이고 있다.[6,7] 1970년대 시릴 버트 경Sir Cyril Burt의 대형 스캔들 이후 몇 년마다 한 차례씩, 심리학자가 데이터를 부정하게 조작한 사례가 드러나고 있다.[8] '서랍 효과'로 알려진, 부정적인 연구 결과를 발표하지 않고 묻어두는 행동과 그로 인한 문제는 적어도 1970년대부터 논의되어 왔다. 심리학자 존 헌터John Hunter는 심리학의 재현성 위기가 떠오르기 몇 년 전인 2001년에 〈재현 연구의 절실한 필요성〉이라는 제목의 논문을 출판했다.[9] 지난 10년 동안 대부분의 과학계 권위자는 변화를 위한 모든 제안을 거부하며 기존 상황을 유지하고 있다.

이렇듯 비관론이 만연해 있음에도 나는 희미하게나마 희망을 본다. 과학을 개방하라는 오픈 사이언스 운동은 17세기에 그 기원을 찾을 수 있는데 당시는 과학 지식의 접근성에 대한 사회적 요구가 커지면서 과학자 집단이 발견한 내용을 공유하는 것이 필수였다. 최초의 과학 저널은 이러한 필요성의 결과로 출판되었다. 오픈 사이언스를 지지하는 사람들의 행동은 뛰어난 개인의 지배 열망을 억누르려는 평등주의자의 행동을 닮았다. 이들은 원데이터에 대한 접근을 요구하고, 재현하고, 방법론을 검증하고, 수렵 채집 부족의 구성원처럼 사기 행위를 공개적으로 논의한다.[10-13] 단지 마을 장터에서 소셜 미디어로 자신들의 자리를 옮겼을 뿐이다.[14] 그 뿌리는 17세기까지 거슬러 올라가지만 오늘날 오픈 사이언스 지지자는 종종 '방법론 테러리스트' '과학 경찰' '재현 양아치' '데이터 탐정' '거짓 양성 경찰'이라고 불린다.[15,16]

지난 몇 년 동안 그 중요성이 지속적으로 증가했지만 오픈 사이언스 운동을 하는 사람의 수는 여전히 소수에 불과하다. 졸개들의 지배 덕분에 인류가 지배적 개인의 행위를 제압하고 인류 역사상 유례가 없는 평등주의 사회를 만들고 유지할 수 있었다면 이런 방법이 과학계로 하여금 지혜를 가진 권위자와 그저 자신이 점유한 지위를 독점적으로 사용하는 사람

을 구별하는 방법을 찾는 일에 도움을 줄 수 있을까? 권위의
덫에 걸린 지식을 방출하는 것이 과학계가 해결해야 할 가장
절실한 요구이다.

10

모호함을 찬양하다, 책임을 피하려고[1]

모호함에 경의를 표하는 과학자는
판단을 내릴 때 본능적으로 책임을 회피한다.

우리는 모두 죽을 것이고 그동안은 세금을 내야 한다. 이러한 진부한 주장을 제외하면 '모든 사람' '언제나' '모든' '아무도'와 같은 일반적인 양화사가 포함된 보편적 선언을 공식화하기는 어렵다. 대중적 의견에도 불구하고 절대적인 예외는 그런 규칙을 증명하는 것이 아니라 규칙과 타협하는 것이다. 따라서 복잡한 사회 현실과 관련해서는 명확하고 단정적인 선언을 하지 않는 게 낫다. 이것은 대부분의 교육받은 사람이 따르는 비판적 사고의 한 요소이다. 우리는 아직 비판적 사고를 익히지 못한 사람을 마치 잘 자라지 못한 사람을 보듯 미심쩍게 쳐다보며 지적인 사람들은 명백한 '보편적 진리'를 공식화하는 것을 사회적 무례로 여긴다.

그러나 비판적 사고에 기반한 원칙이라도 원칙을 무심코 적용하기 시작하면 체면을 잃지 않고는 빠져나올 수 없는 함정에 걸려들기 쉽다. 현실은 매우 모호하기 때문이다. 한 지인은 다소 곤란한 방식으로 이러한 사실을 스스로 발견했다. 그는 애인에게 "당신은 언제나 나를 사랑하지?"라는 질문을 받자 확실하고도 단정적인 진술은 피한다는 원칙에 따라 이렇게 답했다. "그런 편이지." 하지만 그의 애인은 생각보다 명백한 표현을 좋아하는 사람이었다.

며칠 전, 차량 정기 점검을 받으려고 정비소에 차를 몰고 갔을 때 나는 명백한 현실도 존재함을 수긍했다. 정비공은 내 차에 기술적으로 결함이 있다고 단호하고도 명확하게 말했다. 나는 사소한 결함(번호판을 비추는 전구가 나간 것)을 갖고 기술적으로 완벽한 상태인 내 차량에 기술적 결함이 있다고 정의해선 안 된다고 공연히 그를 설득하려 했다.

일반적으로 (그리고 무심코) 생각하는 것과는 달리 과학에서 명료성의 원리와 엄격함은 큰 역할을 한다. 상온 핵융합은 사실이거나 과학적 허풍이거나 둘 중 하나이다. 세 번째에 해당하는 선택지는 없다. 중성미자는 빛보다 빠르게 이동할 수 있거나 아니면 누군가 실수해서 우리가 속고 있거나 둘 중 하나이다. "모든 백조는 흰색이다"라는 말은 흰색이 아닌 다른 색을 가진 백조를 발견하는 순간 명백한 거짓이 된다. 마찬가

3부 과학의 제단 무너뜨리기

지로 멀쩡하게 잘 굴러가던 내 차는 정비공이 사소한 결함 하나를 찾아낸 후 기술적으로 결함이 있는 것으로 판명되었다. 증거에 대한 그러한 가차 없는 접근 방식만이 일반 원리의 공식화를 가능하게 만들어서 우리가 우주 왕복선을 궤도에 올리고 GPS 데이터의 도움으로 목적지에 도달하고 만을 가로지르는 멋진 현수교를 건설하기 위한 계산을 하게 한다.

안타깝게도 많은 학자는 모호함이라는 흙탕물에 빠져 있는 편을 선호한다. 모호함의 우월성에 대해 거의 종교에 가까운 믿음을 고백하며 단정적인 명확함이 요구되는 상황에서는 불안하게 반응한다. 사회과학의 대부분은 이런 함정에 빠져 있다. 현재 심리학에는 우리 정신의 기능을 설명하는 45개의 이론 학파가 있고 심리 치료에는 600개가 넘는 서로 다른 (종종 상충되는) 양식이 존재한다.[2] 그런데 그 45개 학파와 600개 양식을 대표하는 사람들은 자신을 제외한 나머지 이론과 양식에 대해 명확한 평가를 내리지 않는다. 서로에 대한 그런 관용은 일반적인 양화사가 포함된 터무니없는 결론, 즉 모든 이론과 양식이 사실이라는(또는 그럴 수 있다는) 결론에 따라 실로 모호하지 않지 않은가?

사회과학계에서 어떤 스캔들이 터질 때마다 우리가 듣는 것은 "신중한 판단이 필요하다." "더 많은 논의가 필요하다." "확정적 평가를 자제하라"라는 권고 및 기타 유사한 요구이다. 2018년 프랑스 다큐멘터리 작가 티보 르 텍시에Thibault Le Texier의 저서 《거짓말의 역사Histoire D'Un Mensonge》를 출판한 때가 그런 대표적인 사례인데, 그는 책에서 심리학자 필립 짐바르도Philip Zimbardo가 수행한 유명한 스탠퍼드 감옥 실험이 조작되었음을 보여주었다.[3] 나는 아직껏 이 사실을 놓고 과학자가 명확한 평가를 하는 것은 단 한 건도 보지 못했다. 대부분의 과학자는 필립 짐바르도가 실험을 하는 동안 '자주' 정직의 원칙을 충실히 따랐고 그래서 사소한 부차적 요소가 수용 불가한 수준으로 조작되었다고 해서 그 어떤 연구 결과든 모두 무효화된다는 진술은 '지나치게 급진적'이라 여기며 그 문제는 그저 '매우 복잡하다'라고만 생각하고 있을 뿐이다. 반면에 내가 저명한 과학자들이 나서서 "짐바르도를 정직한 과학자라고 믿는다"라고 명백하게 언급한 선언문을 읽어 본 것은 단 두 번뿐이었다.[4]

두려움에 휩싸여

모호함이 명확함보다 낫다는 함정에 빠지는 주된 이유는, 비록 우리가 거의 인식하지는 못하지만 사회적 압박이 부채질하는 두려움 때문이다. 그중 하나는 **실수에 대한 두려움이다.** 그렇기에 어떤 속성을 공식화할 때 확률을 사용하고는 하는데 이러한 상황은 사회과학에서 자주 나타난다. 저명한 통계학자 제이콥 코헨이 자신의 논문 제목을 〈지구는 둥글다(p<.05)〉라고 붙여 희화화한 것처럼 이런 태도는 터무니없는 결론을 만들기도 한다.[5] 이 유명한 논문이 출판된 지 25년이 지났음에도 불구하고 모호성에 경의를 표하기에 바쁜 대다수의 학자는 모

호성에 있는 우스꽝스러운 면을 인식하지 못한다.

실수에 대한 두려움은 **책임에 대한 두려움**과 관련 있다. 중세 시대에는 다리를 건설한 후 이를 시험하는 동안 시공자를 그 다리 아래에 세우는 것이 전통이었다. 왕이나 왕자에게 고용된 시공자는 다리 아래에 서서 고개를 쳐들고 다리를 바라봤다. 그래서 어떤 물건이 '제대로on the nose' 제작된 경우는 코앞에 둬봤다는 뜻이다. 이런 관습은 오래전에 사라졌고 오늘날 다리 시공자는 다리 개통식에 불참하기 일쑤이다. 그럴 수 있는 이유는 이제 다리 같은 건축물을 제작할 때 반드시 지켜야 할 명확한 규정 요소가 있는 까닭이다. 그러나 모호함에 경의를 표하는 과학자들은 판단을 내릴 때 본능적으로 책임을 회피한다. 몇 년 전 한 사업가에게 연락을 받았는데 그는 농장의 힘든 계절 노동을 견딜 인부 채용을 도와 달라고 요청했다. 인부의 일할 마음을 확인하여 그들이 일을 중도에 포기하지 않을 것이라는 보장을 받아내는 일이 사업가에게는 무엇보다 중요했다. 나는 이 문제를 두고 교수와 의사를 포함한 여러 심리학자에게 자문을 구했다. 내가 문의했던 사람들 대부분은 꽤 수익성이 높은 이 일을 기꺼이 맡겠다고 했지만 그들 중 어느 누구도 일의 결과물에 대해서 보장을 해 주려고는 하지 않았다. 마찬가지로 고객에게 잘못된 조언을 했다고 해서 자기 돈을 잃은 금융 전문가는 없다. 모호함 속에서 헤매는 것은 진흙탕에서 수영하는 것과 다름이 없다. 명확한 의견을 제시하는 사람보다 불분명하고 조건부적인 예측를 제시하는 사람에게 더 책임을 묻기가 어렵기 때문이다.

단정적인 판단은 다른 사람의 판단을 평가절하하게 된다. 모호한 판단에 의문을 제기한다는 것은 분명히 대립, 비판, 복수의 위험을 무릅쓴다는 것이다. 그렇기에 **대립에 대한 두려움**도 우리를 명확함에서 멀어지게 하는 또 다른 요소이다. 현존하는 가장 위대한 행동유전학자인 로버트 플로민Robert Plomin은 그의 책,《블루프린트: DNA가 우리는 만드는 방법Blueprint: How DNA Makes Us Who We Are》의 출판을 30년이나 묻어두었다. 그 이유는 유전자 연구에 기반한 책의 결론이 너무 명백했고 대다수의 심리학자가 깊이 믿는, 우리 행동에 영향을 미치는 주요 요인은 환경이라는 사실과 배치되었기 때문이다.

로버트 플로민 스스로 말했듯이 책의 결론을 공식화했을 당시 그 내용을 발표했다면 다른 심리학자에게서 비난을 받았을 것이다.[6] 이 사례는 명확함에 대한 두려움이 사회적 환경에 의해 조장된다는 점을 보여준다. **거절에 대한 두려움**은 가장 강력한 메커니즘이다. 이러한 진화 메커니즘(호모 사피엔스가 진화해 온 대부분의 기간 동안 배척은 곧 죽음을 의미했다)은 우리가 판단을 내리는 방식에 큰 영향을 미친다. 우리가 만약 과학적 사기에 대해 말할 때 "그것은 더 깊은 분석이 필요한 복잡한 문제이다"라고 말한다면 많은 사람의 기분을 상하게 하지 않을 것이며 성급하고 급진적인 의견을 표현하지 않는 온건한 사람으로 평가받을 것이다.

관용 또는 무관심?

거부당할까 두려워서 받아들여지는 길을 추구할 때 우리는 관용을 무관심과 혼동한다. 관용은 이웃이 자신의 신에게 기도할 때 그것을 방해하지 않는 것이다. 무관심은 이웃이 신의 이름으로 그의 아내의 얼굴에 염산을 뿌릴 때 그들에게 개입하지 않는 것이다. 사회과학에서 관용과 무관심의 경계가 희미해진 것은 이미 오래전이다. 예를 들어 관용은 로르샤흐 잉크 반점 검사가 유용한 진단 도구라고 입증되지 않았음에도 불구하고 그런 연구에 평생을 바치는 과학자의 연구에 간섭하지 않음으로써 표현된다.[7] 우리는 그들의 연구를 예사롭게 지나칠 수 있지만 과연 우리 사회가 그런 연구에 자금을 지원할 만큼 돈이 넘쳐나는지 때때로 숙고해 볼 필요가 있다. 그런데 이러한 과학자가 연구원들에게 아무런 가치도 없는 진단 도구를 사용하도록 유도하고 그 도구가 법정에서 피고인에게 불리하게 사용되어 그들의 운명을 어느 정도 결정짓는다면 그때 관용은 차갑고도 잔인한 무관심으로 바뀐다.[8] 전체 법의학 심리학자의 거의 4분의 1이 양육권 사건에서 아동을 조사할 때 100년 역사의 로르샤흐 잉크 반점 검사를 사용하는 데 주저하지 않으며 이를 통해 아동의 미래 삶을 결정하고 있다.[9]

사이비 과학자(질이 떨어지는 연구를 수행하고, 원본 데이터의 공유를 회피하고, 재현 연구를 기피하고, 연구 결과를 위조하고, 결국 학생들에게 말도 안 되는 것을 가르치는 과학자)에 대한 무관심은 사회과학계에 널리 퍼져 있는데 그들이 용인되는 이유는 관용이라는 외피 속에 은폐되어 있는 탓이다.[10,11] 이러한 무관심은 명료성에 대한 두려움과 '조심스러운' '온건한' '숙고하는' '침착한' '중립적인' '거리 두기' '더 많은 분석 필요' '더욱 복잡한' 같은 태도를 받들어 모시는 데서 비롯된다. 문제는 이런 표현이 실상은 '모호한' '불명확한' '애매한' '막연한' '어정쩡한' '에두른' '헷갈리는' '불명확한' 등을 좀 더 번드레하게 꾸민 것일 뿐이라는 점이다.

과학의 발전이 가능한 것은 가설을 반증할 수 있기 때문이며 열띤 연구를 통해 우리는 어떤 이론을 거짓이라고 거부하거나 진실이라고 받아들인다. 모호한 가설을 반증하는 것은 불가능하며 만약 그러한 가설이 등장한다면 흔적도 없이 사라지거나 영원히 끝나지 않는 연구의 연옥에 갇힐 것이다. 이토록 지극히 평범한 진실은 학자가 연구실을 떠나 공개 토론에 나서는 순간 더 이상 명확해지지 않는다. 학자는 어떤 이상한 방식으로 누군가가 '자주 정직할 수 있다'라는 확신을 얻고 가짜 연구를 '인간 본성' 탓으로 돌린다. 100년이 걸려도 단 하나의 구체적인 결과를 내지 못한 연구라도 그 방식을 버리지 않고 '논의가 필요하다'라고 우기고 원본 데이터는 '복잡한 문제라 추가 분석이 필요하다'라고 공유하기를 주저하며 재현 연구에 대해서는 '원인을 명확하게 규정하기 어려운 다각적인 현상'을 핑계로 꺼려한다.

과학은 인간과 무지의 갈등, 즉 '우리는 모른다, 이해하지 못한다'라는 믿음을 '우리는 알고 이해한다'라는 확신으로 대체할 필요성에서 탄생했다. 수 세기에 걸쳐 우리는 작은 지식의 퍼즐을 맞춰가며 방대한 무지의 영역을 힘들게 메워왔다. 그러나 지식이 없는 것을 지식이 모호한 상태로 치부하면 과학의 근본적인 경계가 모호해져 우리가 확실히 알고 있는 지식, 명백한 지식까지 손상을 끼칠 수 있다. 명확한 지식은 19세기 중반 수학자이자 철학자인 윌리엄 클리포드William Clifford가 '안전한 진리'라고 말한 것으로, 오늘날 이를 기억하는 사람은 거의 없다.[12]

일식이 일어나는 동안 우리가 두려움과 공포에 무릎을 꿇고 신에게 자비를 구하는 대신 호기심으로 이 현상을 관찰하고 그 메커니즘을 아이들에게 설명하는 것은 '안전한 진리' 덕분이다. 하늘을 날고 싶다는 인류의 영원한 꿈을 현실로 바꾸고 비행기를 세계에서 가장 안전한 교통수단으로 만들 수 있던 것은 명확한 지식 덕분이다. 미국에서만 모호한 진술과 모호한 지식으로 억울하게 유죄 판결을 받은 365명이 혐의를 벗어 감옥에서 풀려났고 그중 21명이 사형을 피할 수 있던 것은 DNA 검사라는 안전한 진리 덕분이다.[13]

과학은 우리 앞에 있는 세상을 흑백으로 그리는 것이 아니라 우리가 이해할 수 있는 세계와 우리가 아직 만나지 못한 세계로 나누는 것이다. 그래야만 할 때, 명확한 입장과 접근 방식을 택하는 것은 인간 실천력과 우리 노력의 가치를 빛나게 한다. 지식의 공백을 모호함으로 둘러대는 것은 지식에 대한 착각을 불러일으킬 뿐이다.

11

뺌으로써 더하기,
지식 저장강박증의 치료[1]

과학의 목표는 무한한 지혜의 문을 여는 것이 아니라
무한한 오류에 대한 한계를 설정하는 것이다.

베르톨트 브레히트

2016년 초 스페인에서 51세 저장강박증 환자가 자신이 쌓아
둔 쓰레기 더미가 무너져 내리면서 사망했다. 카나리아 제도
에 살던 그의 친구는 한동안 연락이 닿지 않자 걱정이 되어
경찰에 신고를 했고 그때서야 시신이 발견되었다. 수거된 쓰
레기의 양이 너무 많아서 소방관이 투입되어 시신 수습을 도
와야 했다.[2]

심리학에서는 이런 장애를 잘 알고 있고 연구해 왔다. 사

례에서처럼 병적인 저장은 사망의 원인이 될 수 있다. '물건 수집'이 어떤 차원에 이르면 사실상 집 안을 돌아다니는 것이 불가능하다. 집안 어딘가로 이동하려면 저장강박증 환자는 좁은 터널 같은 쓰레기 더미를 통과해야 한다. 호주 멜버른의 우스터폴리테크닉연구프로젝트센터 심리학자들의 연구에 따르면 호주에서는 저장강박증으로 인한 비극적 죽음의 거의 4분의 1이 환자의 집에서 발생한 화재 때문이라고 한다. 실로고마니아syllogomania, 즉 저장강박증은 40~50세 이상의 사람들에게 가장 흔하게 발생하지만 예외도 있다. 특별한 변이 증상은 동물 저장강박증이며 이는 추가적인 건강 위험을 초래할 수 있다.[3]

빼기의 장점

불필요한 물건을 없애지 않고 저장강박 증상을 완화하는 것은 불가능하다. 이러한 고통에 시달리는 사람의 삶의 질을 개선하는 것은 상당히 급진적인 빼기이다. 이것은 빼기에 의한 더하기를 보여주는 전형적인 사례이다. 이 규칙이 적용되는 삶의 영역은 강박증만이 아니다. 관료주의의 경우 빼기는 상상할 수 없는 이점을 가져다준다. 관료적 절차가 계속 누적되면 행정 시스템이 마비되는데 이를 극복하기 위해 민원인은 기존의 종이 문서를 작성하는 것 외에도 여전히 디지털 형식으로 정보를 보관하고 저장해야 한다.

고대 그리스 아테네의 철학자 프로클로스는 "조각상은 빼기로 만들어진다"라고 말한 적이 있다. 이보다 더 정확하게 조각을 표현하는 방법은 불가능하다. 웅장하고 멋진 대리석 중에서도 특히나 빼어난 대리석은 불필요한 부분을 제거하기 전까지는 동경의 대상이 될 수 없다. 전승에 따르면 장엄한 다비드상을 만든 미켈란젤로는 이 사실을 잘 알았다. 그는 천재성의 비결을 묻는 질문을 받자 프로클로스의 말을 바꾸어 표현했다고 한다. "매우 간단합니다. 다비드가 아닌 모든 것을 제거하는 일로 충분합니다." 미켈란젤로는 대리석에 숨겨진 형상을 보았고 자신의 유일한 역할은 그것을 드러나게 하는 것이라고 주장했다. 대리석에 갇힌 노예를 조각한 4점의 미완성 작품이 이러한 그의 신념에 대한 놀라운 증거다.

빼기에 의한 더하기의 원리가 무엇인지 더 잘 이해하기 위해 우리 자신의 건강 상태를 살펴보자. 우리 대부분은 아마도 특정 각성제(담배, 알코올, 카페인 등)를 포기하고 매일의 식단에서 특정 자극 음식(설탕, 지방 등)의 과도한 섭취를 배제한다면 영양제를 12알이나 추가로 섭취하는 것보다 더 많은 이점을 얻을 수 있다. 그렇게 함으로써 우리 몸에 들어오는 과잉 영양분, 기상천외한 식단, 겉으로만 그럴싸한 운동이 주는 부정적 영향을 줄일 수 있다.

경제학자 나심 탈레브Nassim Taleb은 그의 저서 《안티프래질Antifragile》에서 이 원리의 작동을 설명했는데 지구상의 모든 사람이 담배를 끊는다면 복잡한 의료 시스템 전체가 제공하는 것보다 더 많은 혜택을 전 세계적 규모로 가져올 수 있다는 계산을 제시한다. 다시 말해 전 인류가 동시에 담배를 끊는다면 모든 병원과 진료소가 문을 닫고 의료 서비스를 제공하지 않는다고 해도 전 세계 인구는 여전히 건강할 수 있다.[4]

쓰레기 과학

매일 출근길에 마주치는 이웃 중 한 명이 자칫 화재나 모아둔 쓰레기 더미에 깔려 사망할 수 있는 저장강박증을 앓고 있을지도 모른다. 그러나 그들의 아파트 안을 들여다보기 전까지 우리는 그 사실을 알지 못할 것이다. 마찬가지로 일상생활의 많은 영역뿐 아니라 일부 과학 분야도 표면적으로는 깔끔하게 정돈된 것처럼 보이지만 불필요한 물건, 관념, 구조, 개념으로 가득하다. 일종의 질서라고 여겼던 것이 우리의 일상적인 기능과 발전, 둘 다를 방해하는 불필요한 잡동사니에 불과한 것으로 우연히 드러나기도 한다.

그런 우연한 발견은 의료 종사자의 행동 변화를 위해 심리 이론을 구축하려는 의료 전문가 집단이, 128개의 개념을 활용하여 행동을 설명하는 33개의 심리 이론을 구성했을 때도 이뤄졌다.[5] 그 이론들은 철저한 문헌 검토의 결과가 아니라 그저 한 번의 브레인스토밍 회의로 나온 결과였다. 그러니까 행동을 설명하기 위해 그렇게 많은 이론과 개념이 필요하지는 않은 것이다. 어떤 경우에는 문제가 되는 행동이 매우 간단했는데 그 많은 이론으로 하려는 일이 단지 의료 종사자의 손 씻기 빈도를 높이는 것이었다!

　이것은 단발적인 선례가 아니다. 또 다른 사례에서 연구진은 심리학, 인류학, 경제학, 사회학, 네 가지 분야를 종합해 건강 친화적 행동을 만드는 데 유용한 이론을 찾아내려고 했다. 하지만 이번에는 이 주제에 대한 기존 문헌을 검토하여 체계적으로 접근했다. 연구진은 관련 이론을 총 82개나 확인했는데 그중 엄격한 경험적 검증을 거친 이론은 몇 개밖에 되지 않았다.[6]

　'쓰레기 과학'이라는 용어는 일부 과학 분야에서 점점 증식하는 특성을 잘 반영한다. 이 용어는 두 가지 유형의 활동을 정의한다. 하나는 의뢰자가 제시한 가설을 확인하고자 맞춤 제작된 과학 활동(예를 들어 제약 회사에서 연구를 의뢰해 약의 효과를 확인하려는 경우)이고, 다른 하나는 아무도 읽지 않고 누구도 자기 연구에 사용하지 않는 과학 활동이다. 전자에 해당하는 과학 활동은 그 사기성을 간파하기 어려울 때가 있지만 후자에 해당하는 과학은 전체 과학적 성과에서 차지하는 비중을 파악하고 설명하기가 상당히 쉽다. 5년 동안 아무도, 심지어 저자 자신도 인용하지 않은 출판물이라면 아무도 읽지 않았으며 어디에도 유용하지 않다는 뜻이다. 쓰레기 과학의 비중은 학문 분야마다 다르다. 현재 인문학은 약 82%, 사회과학은 32%, 자연과학은 27%, 의학은 12%로 추정된다.[7] 과학계의 현 상황은 마치 저장강박증을 앓는 사람의 집을 떠올리게 하지 않는가? 의학에서 쓰레기 과학이 차지하는 비중이 상대적으로 낮기는 하지만 인문학 연구에 드는 비용과 비교하면 그 비용이 막대하기에 별 차이가 없는 것일 수 있다.

생각 모으기

사람들이 모은 일반적 지식의 실태는 더욱 심각하다. 건축가이자 미래학자인 리처드 버크민스터 풀러Richard Buckminster Fuller는 호모 사피엔스 종의 20만 년 진화에 대한 계산을 바탕으로 흥미로운 분석을 수행했다. 그는 인류가 처음 19만 8000년 동안 일정량의 지식을 축적했으며 이후 1500년 동안 그 양이 두 배로 증가했다고 가정했다.

그 후 500년 동안 지식의 양은 다시 두 배로 늘어났고 1900년에서 1950년 사이에 또 두 배로 늘어났다. 어느 순간 지식은 기하급수적으로 증가했다. 그다음 두 배로 늘어나는 데는 20년, 그다음에는 10년, 또 그다음에는 8년이 걸렸고, 마침내 2017년경에는 13개월이 걸렸다. 오늘날 지식의 양은 약 12시간마다 두 배로 증가하며 그 속도도 빨라지고 있다.[8]

이러한 지식 대부분은 더하기로서 결국 과거 데이터가 증가하는 것을 멈추는 일은 불가능하다. 점점 더 많은 사람이 지식으로 축적되는 사건을 점점 더 많이 제공하고 있다. 그중 상당수는 병적인 수집가가 쌓아둔 물건과 비슷한 수준이다. 그런 지식은 아무도 사용하지 않을 뿐만 아니라 정작 필요한 지식을 검색하는 일을 어렵게 만든다. 요즘은 믿을 수 없을 정도로 효율적인 알고리듬이 전 세계의 지식 자원을 검색함에도 불구하고 적절한 정보에 도달하는 데 상당한 시간이 걸린다.

과학 분야는 상황이 조금 더 나은 편이지만 여기에서도 지식은 기하급수적으로 증가하고 있다. 1970년대에는 전 세계적으로 연간 약 50만 건의 과학 논문이 출판되었는데 오늘날에는 그 수가 이미 400만 건을 넘어섰다.[9] 강박적인 지식 축적을 멈추지 못하는 이유는 무엇일까?

이 질문에 대한 답은 아마도 우리 마음의 본성에 있을 것이다. 정당화된 아이디어 중에서 약 10%만이 빼기에 의한 것이고 나머지는 더하기에 의존한다는 사실이 오래전부터 관찰되었다. 이러한 관찰은 인간의 정신이 더하기 사고를 선호한다는 점을 시사한다. 이는 2001년에 이르러서 실험으로 입증되었는데 버지니아대학교의 가브리엘 S. 아담스Gabrielle S. Adams와 동료들의 연구에 따르면 사람들은 자신의 주장을 강화하거나 다른 사람에게 영향을 미치기 위해 어떤 절차를 개선하는 방법을 찾으면서 일반적으로 빼기의 가능성을 간과한다. 연구진이 실시한 8가지 실험에서 참가자는 과중한 일정을 줄이고, 관료주의를 효율화하고, 레고 블록을 잘 쌓고, 골프 코스를 개선하고, 지구에 미치는 인간의 영향을 최소화할 수 있는 방법을 모색했다.

각 과제에서 응답자들은 무언가를 빼는 방식의 변화를 제안받았음에도, 더하는 방식의 변화에 비해 빼기의 변화가 유리할 가능성을 인지하지 못했다. 연구진은 이런 결과를 빼기 아이디어가 유발하는 인지적 과부하로 설명한다. 장난감 블록을 만들거나 여행을 계획하는 것 같은 사소한 활동이라 해도

우리에게는 기존의 해결책에서 무언가를 빼기보다는 추가하는 편이 훨씬 쉽다고 느낀다.[10]

또한 2021년에는 위 연구진 중 한 명인 라이디 클로츠Leidy Klotz 교수가《빼기의 기술: 본질에 집중하는 힘subtract:The untapped science of less》이라는 책을 출간했는데 이 책에서 그는 수집 성향의 진화적 근원을 설명하는 동시에 이 현상에 놓인 신경생리학적 메커니즘을 논의한다. 음식이나 여타 다른 물건을 모으는 행동은 우리 뇌에서 음식을 먹을 때와 동일한 뇌의 보상 시스템을 활성화한다. 이는 코카인을 복용하거나 페이스북에서 '좋아요'를 받을 때와 같은 자극이다. 저장강박증의 경우 환자가 자신의 '컬렉션'에 물건을 추가할 때마다 보상 시스템이 활성화되는 것일 수 있다.[11]

빼기에 대한 반감은 노벨 경제학상 수상자인 대니얼 카너먼Daniel Kahneman과 아모스 트버스키Amos Tversky가 개발한, 탄탄한 경험적 근거를 가진 전망 이론으로도 설명할 수 있다. 그들은 실험을 통해 손실에 느끼는 심리적 반감은 획득한 이익에 느끼는 만족감보다 훨씬 더 강하다는 사실을 보여주었다. 우리는 100달러를 잃으면 너무나 속이 상해 다시 100달러를 얻어도 잃었을 때 경험한 부정적인 감정을 상쇄하지 못한다.[12] 바로 이런 이유 때문에 우리는 계속 손실이 나는 주식이든, 그 무엇이든 빼기를 매우 주저한다.

부정 신학과 오컴의 면도날, 과학을 청소하는 도구

따라서 홍적세 사바나에서 인류의 생존을 도왔던 마음이 이제 인간 활동이 지구 생태에 영향을 미친다는 것을 가리키는 인류세에 와서는 족쇄가 되었다. 이 문제를 해결하는 방법은 나심 탈레브가 말한 '제거적 인식론'에서 찾을 수 있을 것이다.

이 원칙에 따르면 "지식에 대한 가장 크고 또 가장 강력한 기여는 우리가 잘못되었다고 생각하는 것을 제거하는 데 있다."[13] 그런데 제거적 인식론은 빼기에 근거하기는 하나 환원주의적 방법론은 아니라는 점을 강조해야겠다. 환원주의는 현실을 연구하는 기능적 방법으로서 나누기를 사용한다. 그 본질은 복잡한 전체를 작은 부분들로 나누어 설명하고 그렇게 설명된 요소들을 통해 복잡한 전체를 이해한다는 개념이다.

제거적 인식론이라는 말은 낯설지만 21세기에 생겨난 방법론은 아니다. 가장 유명한 선구자는 헬레니즘 시대의 마지막 위대한 철학 학파이자 회의주의 학파의 창시자인 엘리스의 퓌론이다. 그는 활동적인 주류 철학 학파와 달리 변방에 있었고 주류와 달리 현실에 대한 판단의 불확실성을 강조하면서 자신의 학설을 다졌다. 퓌론주의자는 판단 내리기를 자제했는데 이는 철학의 근본적인 기능인 마음의 평화와 그 결과로 얻게 되는 행복을 달성하기 위해서였다. 이를 추구하면서 그들은 다른 철학 학파에서 공식화한 판단에 의문을 제기했다. 퓌론주의자의 회의주의 덕분에 당시 인정받던 철학적 관점에 있는 많은 오류와 자의성을 제거할 수 있었다. 퓌론주의자는 그리스에서 비판적 사고를 훌륭하게 증식시킨 후 그 모든 것을 활용하고 체계화했으며 시대의 '이론적 양심'으로서 증거와 과학에 대한 전반적 요구 수준을 높여 모든 쓰레기 같은 주장을 제거했다. 비록 목표한 바는 아니었지만 본의 아니게 그것이 이 철학 학파의 가장 큰 업적이 되었다.

아테네의 프로클로스 같은 신플라톤주의자와 니사의 그레고리오스, 토마스 아퀴나스 같은 부정 신학via negativa의 대표자도 빼기 방법론의 발전에 적지 않은 역할을 담당했다. 그들은 신의 본질을 발견할 가능성을 모색하면서 부정 신학이라는 방법론을 개발했다. 이는 부정적 방식을 사용하여 신을 정의하는 것이다. 그에 따르면 신의 본성을 더 잘 이해하는 방법은 신이 무엇이 아니라고 규정하는 데에서 온다. 부정 신학은 추론의 한 방법으로 살아남아 신학을 넘어 광범위하게 적용되고 있다.

이러한 전통의 위대한 계승자는 중세 프란체스코 수도회의 수도사 오컴의 윌리엄이다. 그는 중세 스콜라주의의 수많은 사변적 체계에 질서를 부여하고자 오늘날 우리가 '오컴의 면도날'로 부르는 '생각의 경제학' 원리를 제안했다. 이에 따르면 어떤 현상을 설명할 때는 가능한 최소한의 가정과 개념에 기반한 설명을 선택하여 단순화해야 한다. 오늘날 이 원칙을 표현하는 유명한 문구인 "존재물을 필요 이상으로 늘리지 말라"는 아마도 17세기에 유래한 것으로 추정된다.

추가하거나 소멸하거나,
과학을 청소하는 데 방해되는 장애물

저장강박증 환자의 집처럼 어수선한 오늘날의 과학은 한때 퓌론이나 중세 스콜라주의의 오컴의 윌리엄이 구현했던 것과 유사한 질서가 필요하다. 하지만 가까운 장래에 그런 일이 실현될 가능성은 없어 보인다. 한 가지 장애물은 빼기를 피하고 더하기를 좋아하는 우리 본성이고 다른 장애물은 과학을 통제하는 사회 시스템이다. 현대 과학자의 행동을 이끄는 가장 신성한 원칙은 빼기에 의한 더하기와 반대되는 격언, 즉 '논문을 출판하거나 아니면 소멸하거나'이다. 이 격언 덕분에 우리는 과학 출판물의 기하급수적인 증가를 목격하며 그중 상당수는 쓰레기 과학으로서 현실을 밝히는 대신에 현실을 흐리고 있다.

제거적 인식론에서 무엇이 효과가 있고 또 무엇이 효율적인지 아는 것만큼이나 중요한 것은 효과가 없고 비효율적인 것이 무엇인지 가능한 한 많이 발견하는 것이다. 부정적인 연구 결과는 오류의 결과가 아니라면 대리석을 조각하다 나오는 파편으로서 그 덕분에 최종 조각품의 윤곽은 더욱 명확해진다. 다시 말해 우리는 의미 없는 관계, 비효율적인 방법, 실패한 구조에 대한 지식을 얻음으로써 조각가의 끝이 그토록 염원하던 모양에 더 가까이 다가갈 수 있다. 그러나 과학계는 의식적으로 이러한 지식 수집을 포기하고 부정적인 연구 결과를 출판하지 않는다는 원칙을 채택했다. 오늘날 어떤 과학자가 관심 있는 변수 사이의 관계를 찾고자 할 때 자신과 같은 질문을 가진 다른 누군가가 부정적인 결과를 얻지 않았는지 확인할 방법이 없다. 백 명의 학자가 미로처럼 똑같은 골목길을 수년 동안 헤매고 돌아다닌다 해도 그다음으로 등장하는 학자역시 그들의 전철을 반복할 것이다. 부정적인 결과는 전임자의 책상 서랍 속이나 컴퓨터 하드 드라이브 어딘가에서 잠자고 있을 테니까 말이다. 최근에 와서야 이러한 상황을 바꾸려는 시도가 나타나고 있다.

학자들은 왜 조각가처럼 행동하지 않는 것일까? 과학 논문을 심사하는 평가자들이 기계적으로 쓰는 논평 중에 참고문헌이 오래되었거나 최신이 아니라는 지적이 있다. 그럼 논문의 저자들은 남의 손에 이끌려 새로운 입장을 추종하게 된다. 그럼 1908년에 발표된, 각성 수준과 수행 수준 사이의 관계를 밝힌 여키스-도슨 법칙Yerkes-Dodson law이 단지 세월이 흘렀다는 이유만으로 그 설명력을 잃을 수도 있다![14] 일시적인 '참신함'과 달리 강력하게 잘 설명된 관계는 세월의 흐름에 굴하지 않는 반면에 오래된 것보다 새로운 것이 더 낫다는 '네오마니아neomania'의 믿음은 인지 편향인 경우가 많다. 안타깝게도 과학은 단지 새롭다는 이유만으로 새로움을 추구하고, 그저 유행하는 모델을 재현하는 연구만 하는 무리에 제대로 저항하지 못하고 있다. 오늘날 과학 논문은 뉴스 웹사이트의 헤드라인처럼 야단스럽게 나타났다 빠르게 사라진다.

제거적 인식론의 도구는 부정적인 연구 결과나 재현 연구를 분석하고 연구를 비판적으로 검토하는 것이다. 이는 우리가 낸 세금으로 부양하는 수많은 과학계 관료에게 치명적인 위협이 된다. 이런 상황은 중요한 연구를 재현한 결과를 발표하고 나서 벌어지는 열띤 토론에서 가장 잘 드러난다.

빼기를 할 때는 언제나 자기 자신이 빼는 수(감수減數)가 될 수 있다. 아마도 이런 이유로 제거적 인식론은 과학에서 의미 있는 접근 방식이 될 수 없는 것이며 따라서 과학자는 우리에게 그리고 서로에게 과학에는 다원주의, 구성주의, 창의성이 필요하다고 확신시킬 것이다. 그러나 제시된 가설의 독창성을 높게 인정한 결과는 이미 많은 분야에서 그 연구의 독창성을 재현할 수 없다는 사실로 이어지고 있다.

과학에는 질서정연함이 필요하며 이를 구현하려는 노력은 전부 중요하다. 새롭지만 피상적인 수많은 가설은 역사의 쓰레기통에 금방 버려지고 과학을 청소하려는 부단한 노력은 조각가가 끌로 대리석에서 불필요한 파편을 제거해 그 안에 숨겨진 아름다움에 한층 더 가까이 다가가는 모습과 같을 것이다. 제거적 인식론은 전통적인 연구 절차를 대체하기 위한 것은 아니지만 그것 없이 과학의 진보는 없다. 오래되고 낡고 불필요한 쓰레기를 버리지 않은 채 새로운 구조물을 계속 만드는 일은 아무 소용이 없는 것이다. 그렇다면 과도한 쓰레기에 짓눌려 죽고 말테니.

4부

대중 심리학의
풍경 헤집기

세상은 속고 싶어하니 속게 두어라.

12

외로움을 박멸해야 한다는
이 시대의 프로파간다[1]

혼자 있을 때는 다른 사람과 함께 있기를 원하고
다른 사람과 함께 있을 때는 혼자 있고 싶어 한다. 인간은 그런 존재이다.
거트루드 스타인

"외로움은 비만보다 사람을 더 많이 죽인다.""외로움은 하루 열다섯 개비의 담배를 피우는 것 만큼이나 치명적이다." "건강을 위협하는 요소로서 외로움은 비만, 흡연과 맞먹는다." "외로움은 당신을 죽음에 이르게 한다.""외로움은 이제 암과 심장병보다 더 치명적이다.""유행병처럼 번지는 외로움.""외로움은 신종 전염병.""외로움은 인간이 불러온 재앙이다.""외로움은 실제 세포 단계에서부터 우리를 아프게 한다." 이것들은 지난 몇 년 동안 전 세계에서 발행된, 외로움을 다룬 신문

머리기사의 제목 중 일부이다. 오늘날 이렇게 겁을 주는 메시지는 코로나19 팬데믹을 경험하면서 더욱 강화되었다. "외로움은 코로나보다 더 치명적이다." "코로나19가 미국의 외로움을 더욱 악화하고 있다." "가끔은 코로나19 때문이 아니라 외로움 때문에 죽을 것 같다."

우리는 외로움에 겁을 먹었을 뿐 아니라 실제로 전쟁을 선포한 것 같다. 2017년 당시 테레사 메이Theresa May 영국 총리는 체육 및 문화유산, 관광부 정무차관이었던 트레이시 크라우치Tracey Crouch를 신설한 사회체육부 및 외로움부 장관직에 임명했다. 크라우치는 부서 간 실무 집단의 책임자가 되어 일반의부터 비정부기구, 우편집배원에게 주는 조언을 포함한 권고안을 제시했다. 저널리스트 랄프 레너드Ralph Leonard가 《아레오 매거진》에 기고한 글에 따르면 권고안에 있는 사회적 처방 중에는 "고립감을 해소하기 위한 요리 교실, 걷기 모임, 외로운 환자를 위한 미술 치료 모임" 등이 있었다.[2]

영국이 외로움과의 전쟁을 선포했다는 사실이 전 세계에 알려진 직후, 독일 사회민주당의 보건 전문가인 카를 라우테르바흐Karl Lauterbach는 보건부 내에 외로움과의 전쟁을 담당할 위원회를 설치할 것을 촉구했다.[3] 여기에 기독교민주연합당 국회의원인 마르쿠스 바인베르크Markus Weinberg도 동참했다.[4] 미국 의무총감 비벡 머시Vivek Murthy 박사도 "외로움은 유행병"이라고 선언했다.[5]

정치인만이 외로움 문제에 직면한 것은 아니다. 얼마 전 시카고대학교 신경동역학연구소의 과학자들은 항외로움 알약

4부 대중 심리학의 풍경 헤집기

을 연구하기 시작했다. 연구진이 고려하는 기적의 약은 콜레스테롤에서 생성되는 신경 스테로이드인 프레그네놀론으로, 외로움이라는 느낌을 완화하고 심지어 제거할 수 있다고 한다.[6] 시드니대학교의 과학자들은 'SOC-1'이라는 합성 입자를 시험하고 있는데, 이 입자는 옥시토신 수준을 떨어뜨리고 사회적 접촉을 하려는 의지를 증가시킨다고 한다. 캘리포니아대학교의 과학자들은 장기적인 스트레스 상황에서, 교감 신경의 흥분과 관련 있는 수용체를 억제하는 베타 차단제의 유용성을 연구하고 있다. 연구진에 따르면 수십 년 전에 발견된 베타 차단제는 외로움으로 인한 스트레스와 신체 반응, 즉 질병 사이의 관계를 끊을 수 있다.[7]

누가 적일까?

외로움을 정복하려는 부단한 노력에도 불구하고 외로움은 죽음과 마찬가지로 이해하기 어려운 현상이다. 완전한 외로움을 경험하는 은둔자가 있다면 그는 우리와 생각을 공유할 수 없을 것이기 때문이다. 모든 것을 포기하고 알래스카에서 철저히 고독한 생활을 했던 작가 크리스토퍼 맥캔들리스Christopher McCandless처럼, 그리고 산악인 존 크라카우어Jon Krakauer가 그의 책 《야생 속으로Into The Wild》에서 힘겹게 드러냈던 운명과 비극적인 죽음처럼 외로움은 사회와의 완전한 고립을 전제로 하지 않는가?[8]

완전한 고독을 경험했을 학자의 논문에서 외로움의 본질을 찾을 때 우리는, 터무니없이 비싼 돈을 내고 몇 주 동안 무인도나 수도원에 고립되어 지내며 스마트폰으로 동영상과 사진을 찍어 대단한 '성취'라도 이룬 듯 친구들에게 열정적으로 자랑질을 하는 가짜 관광객의 경험과 유사한 단순한 이야기만 찾는 것은 아닐까? 외로움은 외로움의 본질을 알고 참여함으로써 그 의미를 원래대로 되돌릴 수 있는 사람들을 완전히 배제하는 것이 아닐까?

우리는 조상에게서 외로움에 대한 두려움을 물려받았다. 우리 조상에게는 다른 사람들과 함께하지 않고 집단 밖에서 생활하는 것이 치명적으로 위험한 일이었다. 번잡하고 부산한 집단에서 벗어나 숨 쉴 공간을 찾는 낭만적인 은둔자는 포식자에게 너무 맛있는 먹잇감이었기에 자손에게 자신의 유전자를 성공적으로 전달하지 못했다. 인류에게 함께 지낼 다른 사람을 찾는 것은 음식과 은신처를 찾는 것만큼이나 본성이다.

우리는 외로움을 두려워하는 동시에 동경한다. 여기에 모순은 없다. 혼자서 전 세계를 항해하고, 가장 험난한 산을 오르고, 광활한 사막을 횡단하거나 그 밖의 불가능한 업적을 달성하는 고독한 사람에 대한 존경심은 바로 외로움에 대한 두려움에서 온다. 역경과 자연의 힘에 맞서는 자발적이고 고독한 투쟁은 거의 초인적인 재능처럼 보인다.

극심한 외로움에 대한 두려움은 정상적인 기능을 마비시키는 고독공포증이라는 질환의 형태로 나타난다. 이런 종류의 공포증을 앓는 사람은 혼자서는 살 수 없다. 다른 사람들과 함

4부 대중 심리학의 풍경 헤집기

께하지 못하면 공포와 공황 발작을 경험한다. 이러한 사람에게는 죽음에 대한 두려움도 빈번하게 떠오른다.

전쟁 프로파간다

서구 사회가 외로움에 대해 선포한 전쟁을 살펴보면 전쟁에서 근본적으로 승리할 수 있을지 의문스럽다. 가장 놀라운 점은 모든 전쟁에서와 마찬가지로 외로움 전쟁과 결부된 행동이 프로파간다에 지나지 않는다는 사실이다. 대개 적을 악마화하는 것이 목표인 경우가 너무 많다. 이런 특정한 사례에서 사회과학은 매춘부가 고객이 요구하는 즐거움을 주듯이 프로파간다를 위해 원하는 결괏값을 전달한다. 사회과학자는 프로파간다적인 상관관계 데이터를 엄청나게 생성하지만 인과관계에 대해서는 아무런 말도 하지 않는다. 이는 행복해야만 한다는 독재적 명령이나 다를 바 없다. 사회과학자는 많은 것을 말하지 않는 연구 대상자의 말을 기반으로 연구 결과를 지나치게 단순화한다. 무엇보다도 사회과학자는 외로움이라는 현상을 사소하게 만든다.

이 프로파간다의 성공으로 '외로움 유행병'이 너무 명백해져 그 존재를 의심하는 사람이 거의 없을 정도이다. 또한 일부 사람은 이 유행병과의 싸움에서 '올바른 편'에 서 있다는 확신에서 어떤 만족감을 얻는 것 같다. 그러나 외로움 유행병의 선지자들이 떠벌리는 그 놀라운 결괏값들을 주의 깊게 살

퍼보면 그 수치가 완전히 명백한 것도 아니며 또 반드시 나쁜 소식만 알리는 것도 아님이 밝혀진다.

수치를 자세히 살펴보면 독거노인의 증가는 전 세계적으로 노인 인구가 증가했다는 단순한 사실에 기인한다는 점을 알 수 있다. 의료 및 복지 서비스의 발전으로 기대 수명이 연장되고 있으므로 이 수치 또한 계속 증가할 것이라는 데는 의심의 여지가 없다. 그러나 프로파간다 때문에 이러한 수치가 비례적으로 유지된다는 점은 언급되지 않는다. 오늘날 독거노인의 비율은 10년 전과 마찬가지로 5%에서 15% 사이를 오가고 있다.[9]

대부분의 프로파간다 기사는 전 세계 인구가 증가하고 있으므로 인구를 정의하는 다른 수치도 비례적으로 증가한다는 단순한 사실을 묵과함으로써(그리고 독자도 그렇게 할 것으로 기대하면서) 독자에게 충격을 주려고 늘어나는 특정 수치만을 보여준다. 안타깝게도 이러한 데이터 처리 방법은 몇몇 과학 논문에 기반하는데 그런 논문의 데이터에는 외로움에 관한 지표 상승과 생애 전반에 걸친 외로움의 변화, 외로움과 다양한 건강 지표와의 상관관계에 대한 데이터는 많지만 수십 년 전의 상황과 현재의 상황을 비교한 데이터는 찾기 어렵다.[10]

"외로움은 하루에 담배 15개비를 피우는 것만큼 치명적이다"같은, 악명 높고 자주 반복되는 머리기사를 주의 깊게 살펴보면 그 이면에는 공신력 있는 미디어의 권위에 비해 실제 데이터에 관해서는 빈틈이 있다는 사실을 알 수 있다.[11] 외로움으로 인한 피해와 하루 15개비의 담배를 피울 때 발생하는 피해를 단정적으로 비교한 결과는 외로움 문제 해결에 관한 영국의 조콕스위원회Jo Cox Commission 보고서에서 나온 것으로 이 보고서는 줄리안 홀트-룬스타드Julianne Holt-Lunstad, 티모시 스미스Timothy B. Smith, 브래들리 레이튼J. Bradley Layton이 출판한 연구의 메타 분석을 인용하고 있다.[12,13] 안타깝게도 이 비교는 사실 이 메타 분석 어디에서도 찾아볼 수 없다. 실제로 외로움은 사망 위험이 연간 26% 증가하는 것과 관련 있지만 이는 하루에 한 개비에서 네 개비까지 담배를 피울 때 증가하는 사망 위험의 절반에 불과하다. 그러나 이런 사실이 《뉴욕타임스》처럼 평판 높은 신문사의 기자들이 과장된 정보를 유포하는 것을 막지는 못했다.[14]

해당 연구를 주의 깊게 살펴보면 거기서 사용하는 '외로움'이라는 단어의 의미를 잠시 숙고해 볼 필요가 있다. 이 단어는 '사회적 고립', 즉 다른 사람과의 사회적 접촉을 박탈당하는 상황을 포함한다. 외로움은 의식적으로 고립을 자처하고 사회적 접촉을 제한하는 것을 뜻하기도 한다. 풍요로운 사회생활을 하고 있음에도 소통이 부족하다고 느끼는 것 역시 외로움일 수 있는데, 이는 특히 오늘날의 상황에 적합한 뜻이다. 때로 '외롭다'라는 말은 지속적인 삶의 파트너가 없는 사람들을 가리킨다. 여기에다 철학자들은 외로움이라는 단어의 의미를 몇 가지 더 추가할 수 있겠다. 외로움의 여러 의미 중에서 한 사람의 발달에 가장 위협적이라고 여기는 것은 사회적 고립이다.

임박한 외로움 유행병을 우려 섞인 시각으로 보는 연구에서 두드러지는 점이 두 가지 있다. 우선 이러한 대다수의 분석에서 연구하는 것은 실제 사회적 고립이나 실제 외로움이 아니라 단지 그 '느낌'이라는 점이다. 나중에 종합되어 수치화되는, 외로움을 보여주는 모든 결괏값은 피험자가 얼마나 외로움을 느끼는지에 관한 질문에 답하면서 측정된다. 결과적으로 설문 조사 당일, 페이스북에서 '좋아요'를 한 번도 받지 못한 사람은 매우 외롭다고 말하는데 이는 몇 주 동안 가까운 사람과 연락을 하지 않은 사람과 똑같이 취급된다. 이런 숫자들을 비교하고 분석한 결과 우리는 때로 외로움이 건강과 수명에 미치는 영향에 관한 초기 진술과 상반되는 이상한 결론을 얻기도 한다. 왜냐하면 2012년부터 유엔이 실시한 행복 연구에서 항상 높은 순위를 차지하며 장수하는 인구 비율이 높은 덴마크가 유럽에서 외로움을 느끼는 사람의 비율도 가장 높은 곳이기 때문이다.[15] 《외로움: 사회 문제Loneliness: A Social Problem》라는 책을 쓴 케밍 양Keming Yang에 따르면 덴마크에서 외로움을 느끼는 인구 비율은 30%에 달한다.[16]

외로움이 건강에 미치는 영향 연구에서 눈에 띄는 또 다른 점은 거의 예외 없이 그런 연구는 상관관계 연구로서 무엇이 원인이고 무엇이 결과인지를 보여주지 못한다는 사실이다. 이런 데이터에서 도출할 수 있는 결론의 가치는 아이스크림과 탄산수를 많이 섭취하면 폭염에서 살아남는 데 도움이 된다는 정도의 진술과 같다. 외로운 사람의 수명이 짧다는 사실이 반드시 외로움이 건강에 부정적 영향을 미친다는 사실을 뜻하는 것은 아니다. 건강이 좋지 않은 사람은 다른 사람과 접촉을 유지하는 에너지와 자원이 적은 것이 아닐까? 어쩌면 타인이 그들을 더욱 지치게 만드는 것은 아닐까? 그들은 외로움 때문이 아니라 건강이 나빠져서 더 일찍 사망하는 것이고 외로움은 건강 상태가 좋지 않아 생기는 추가적 결과일 뿐일지도 모른다. 상관관계 데이터가 항상 그렇듯이 다른 여러 시나리오가 가능하며 가장 가능성이 높은 시나리오는 외롭게 사망하는 사람들은 파괴적 관계 속에서 오랜 시간을 살아왔다는 것이다.

여기서 우리는 외로움과 싸워 관계를 맺고 유지하라는 독재적 명령과 완전히 상반되는 몇 가지 사실에 부딪힌다. 외로움의 반대항은 관계의 과잉, 특히 유해한 관계의 과잉이다. 그 접촉 횟수나 강도가 지나치게 높은 관계의 과잉은 심각한 건강상의 문제를 초래할 수 있는데 사망에 이르는 동물도 많다. 생물학자들은 이러한 현상을 종내 경쟁으로 설명한다.

어떤 사람은 직업적인 번아웃 증후군을 겪기도 한다. 연구에 따르면 교사, 교육학자, 사회 복지사, 심리학자, 의사, 버스 운전사, 간호사, 고객 서비스 직원 등 사회적 접촉이 지나치게 많은 사람이 주로 이 증후군에 시달리는 것으로 나타났다. 번아웃 증후군에 효과적인 치료법은 관계에 대한 부담이 훨씬 가벼운 직업으로 바꾸는 것이다. 이런 사례는 타인과의 접촉은 언제나 좋은 것이라는 이미지를 벗긴다.

나쁜 관계는 건강에 부정적인 영향을 미친다. 미소 짓는 가족과 친구에게 둘러싸여 행복한 상태에 있으라는 독재적 명령에 굴복하고 있다면 타인은 또한 우리가 평생을 통해 경험하는 강한 부정적 감정의 원인이기도 하다는 점을 기억할 필요가 있다. 타인은 우리를 속이고 실망감을 주고 후회를 일으키는 사람들이다. 오늘날 외부 환경에는 온갖 위협이 있지만 타인이 우리에게 저지르는 일과는 비교할 수 없다. 철학자 장 폴 사르트르Jean Paul Sartre는 "타인은 지옥이다"라는 말로 이를 아주 적절하게 표현했다.

2019년 더블린트리니티칼리지의 필립 하일랜드Philip Hayland 박사 연구진은 18세에서 70세 사이의 성인 미국인 1839명을 대상으로 연구를 수행했는데 그 결과 관계의 질이 관계의 수보다 정신 건강에 훨씬 더 큰 영향을 미치는 요인으로 나타났다. 다른 사람과의 접촉이 원만하지 못한 사람의 정신 건강은 해로운 관계를 거의 맺지 않는 소위 '외톨이'라 보다 훨씬 더 나빴다.[17] 또 다른 연구에서는 자신의 결혼 생활이 원만하지 못하다고 평가한 여성에서 심장병 위험이 상당히 높은 것으로 나타났다.[18] 조사에 참여한 1356명의 노부부 중 결혼 생활을 부정적으로 평가하는 부부에서는 동맥성 고혈압이 훨씬 더 자주 발생했다.[19] 독신이거나 연애 중인 4024명을 대상으로 한 추가 연구에 따르면 갈등을 피하는 것이 중요하다고 생각하는 사람은 적어도 파트너와 함께 있는 사람만큼 행복하다고 느꼈다.[20] 666명의 사람을 대상으로 2년에 걸쳐 실시한 연구에 따르면 타인과의 부정적인 관계가 연구에 참여한 사람의 건강 문제의 발생 건수에 결정적인 영향을 미치는 것으로 나타났다.[21]

이러한 수치를 분석할 때도 앞서 인용한 연구와 마찬가지로 상관관계 데이터이므로 "외로움이 고혈압을 예방한다"와 같은 결론을 내리기는 어려우며 매우 부적절하다는 점을 기억할 필요가 있다. 지나치게 단순화된 권장 사항과 자극적인 머리기사를 넘어 더 숙고하고 탐구하자.

외로움이 주는 장점

외로움을 피고석에 앉혀 검찰과 변호인의 주장만 듣지 말고 외로움의 장점도 고려해 보자. 외로움은 하찮은 감정이 아니다. 연구가 보여주는 외로움의 첫 번째 가치는 외로움이 집중력과 인지 기능을 향상한다는 점이다. 외로움은 자기 계발에 도움이 되며 정체성을 공고히 하고 창의력을 강화해 준다. 유명한 작가 중 일부가 은둔형 외톨이가 된 이유도 바로 이 때문일 것이다.[22]

체코 작가 보후밀 흐라발Bohumil Hrabal의 소설에서 한 여주인공은 이렇게 말한다. 자기 아버지는 항상 똑똑한 사람들과 함께 있는 것을 좋아해서 대부분의 시간을 혼자 보냈다고. 작가의 이런 이율배반적인 통찰을 뒷받침하는 연구가 있다. 2016년 싱가포르경영대학교와 런던정치경제대학교의 진화심리학자, 가나자와 사토시Satoshi Kanazawa와 노마 리Norma Li는 1만 5000명의 사람을 대상으로 여가 시간을 어떻게 보내는지 조사했다. 학구적인 사람은 다른 사람들과 함께 있는 것보다 외로움을 더 선호하는 것으로 나타났다.[23] 늘 그렇듯이 이에 대한 몇 가지 설명이 있다. 그중 하나는 지적인 사람은 외로움의 진화적 두려움을 알고 과거와 달리 현대에는 이런 두려움이 정당성이 없다고 의식해 스스로 그 영향에서 벗어난다는 것이다. 가족 및 친구와 함께 보내는 즐거운 시간이 삶의 목표와 자주 상충되므로 그러한 모임을 시간 낭비로 취급한다는 설명도 있다. 그 밖의 해석에 따르면 똑똑한 사람이 회사를 싫어하는 이유는 자기 수준에 맞는 똑똑한 사람을 만날 확률이 적기 때문이고 덜 똑똑한 사람은 보통 똑똑한 사람을 짜증나게 한다는 것이다.

600페이지에 달하는 《고독 연구 편람The Handbook of Solitude》이라는 책을 보면 상황은 훨씬 더 복잡하다. 미국의 심리학자 로버트 J. 코플란Robert J. Coplan과 줄리 C. 보우커Julie C. Bowker는 60명이 넘는 과학자와 함께 이 책을 만들었다. 여기 참여한 과학자들은 심리학, 사회학, 신경심리학, 신경생물학, 발달 및 임상학적 관점에서 외로움을 연구하고 다양한 삶의 단계와 환경, 맥락에서 고독이라는 현상을 조사했다. 이 저자들은 이 장의 서두에서 인용한 지나치게 단순화된 접근법을 쓰지 않았다. 저자들은 자기 자신에 대한 통찰을 얻는 과정에서 외로움의 중요성을 강조하고, 외로움의 치료적 효과를 제시하며, 외로움이 여러 정치적, 사회적 압력에 시달리는 삶을 헤쳐나가는 데 얼마나 도움이 되는지, 그리고 외로움이 어떻게 자기 객관화를 가능하게 해주는지 보여준다. 가장 역설적인 결론 중 하나는 외로움을 경험한 사람이 경험하지 않은 사람보다 더 원만하고 지속적인 관계를 형성할 수 있다는 점이

4부 대중 심리학의 풍경 헤집기

다. 따라서 외로움은 고립에서 우리를 보호하는 특별한 백신이기도 하다.[24]

그렇다면 외로움과의 전쟁은 가치가 있는가?

외로움과의 전쟁에는 정당성이나 의미가 있을까? 그 목표를 위해 노력할 만한 가치가 있을까? 씁쓸하지만 그 대답은 모두 '아니오'이다. 이 전쟁은 잘못된 진단을 받은 환자를 치료하는 일에 지나지 않는다. 인류는 외로움 유행병이 아니라 외로움에 대한 두려움이 만든 고독공포증으로 위협받고 있으며, 우리는 다른 사람과의 접촉을 늘리고 강화함으로써 무력하게나마 그 증상을 치료하려 한다. 외로움과의 전쟁은 한때 마오쩌둥이 선포한, 쓸데없는 참새와의 전쟁과 유사하다. 수명 연장, 가족 모델의 변화, 이미 관찰되는 여타의 변화는 점점 더 많은 사람을 사회적으로 고립시키고 있다. 흥미롭게도 이러한 변화에는 삶의 질을 향상하는 변화도 포함된다. 수명 연장 외에도 이제는 많은 사람이 자기만의 집을 마련할 수 있게 되었다. 이는 반세기 전에는 상상할 수 없는 일이었다. 앞서 언급한 랄프 레너드는 기사에서 "인류 역사상 유례없이 많은 수의 사람이 비혼 상태에 만족하며 혼자 산다. 영국의 1인 가구 수는 1997년부터 2017년까지 20년 동안 16% 증가해서 770만 명에 달한다. 미국도 상황은 비슷해서 전체 가구의 28%에 해당하는 3570만 명이 1인 가구이다. 1960년대 미국의 1인 가구의 비율은 13%에 불과했다"라고 썼다.[25] 우리는 이미 상당히 정확한 지표를 갖고 있으며 이는 다음 분기 또는 향후 반세기 동안 상황이 어떻게 변할지 알려준다. 예를 들어 영국의 1인 가구 수는 2039년까지 1070만 명에 달할 것으로 예상된다.[26] 외로움부 장관은 물론, 초강대국의 총리나 대통령도 이런 흐름을 바꿀 수는 없다. 이에 미디어는 외로움과 고립이 인간 건강에 영향을 미쳐 파국을 초래할 거라고 광고하는 데 열을 올리고 있다.

우리 문제가 외로움과 홀로 사는 삶의 방식에 맞춰가는 능력이 부족하다는 사실에 있음을 깨닫지 못하고 이를 통해 아무것도 배우지 못한다면 시끄럽게 떠들어 대는 캠페인에는 의지할 수 있는 게 없다. 고독공포증을 치료하는 현명한 전문가는 환자에게 함께 있어 주겠다고 보장하는 대신 가까운 타인이 없는 상황에 대처하는 법을 체계적으로 가르친다. 더 많은 사람과 접촉하는 방식으로 외로움과 싸우는 것은 환자의 유기적 관계를 약화하고 외로움에 대처할 수 있는 저항 능력을 박탈한다. 대다수의 사람이 그렇듯 우리는 라디오, 텔레비전, 페이스북 같이 우리 뇌에 잡동사니를 쓸어넣는 방식으로 외로움을 억누르려고 한다.

나 한 사람의 목소리로는 인류가 선택한 그 길을 되돌릴 수 없다는 사실을 안다. 인류는 오롯한 외로움과 홀로 있음의 기쁨이 없는 멋진 신세계로 가고자 한다. 그러나 사회적 고립이 없는 세상이라는 비전은 순진한 유토피아이기에 인류는 스스로 만들어 버린 외로움이라는 괴물과 영원히 씨름하며 날마

다 현관 앞을 서성이다 어쩌다 들르는 우체부를 기다릴 것이
다. 그가 들고 오는 세상 소식에 잠시나마 고독에서 풀려나기
를 바라며.

13

우리 머리에만 의지해서는 안 된다,
체화된 인지

오늘날의 수많은 발견을 보면 인간을 복잡한 컴퓨터를 담은
컨테이너쯤으로 보는 개념은 거부해야 마땅하다.
이 컨테이너가 컴퓨터에는 매우 중요한 부분이라는 것이 밝혀지고 있다.
어쩌면 가장 중요한 부분이 아닐까?

데카르트는 현대 철학과 과학의 발전에 실로 지대한 공헌을 했다. 오늘날 그의 견해는 코로나19 팬데믹의 확산 방지를 위한 권고 사항을 적용하는 일처럼 평범하면서도 매우 중요한 문제에서도 우리의 행동에 영향을 미치고 있다. 중국 충칭에 있는 서남대학교의 인지과학자 헝 리Heng Li는 2021년에 몇 가지 실험을 통해 이를 입증했다. 그는 연구 대상인 우한 주민을 두 집단으로 나누고, 한 집단에는 몸과 마음을 구별하는 데카르트의 이원론적 철학을 설명하는 글을 읽게 했다. 또 다른 집

단에는 육체와 정신은 하나로서 서로 밀접하게 상호 작용한다는 현대적인 연구 기반 관점을 읽게 했다. 이후 실험 참가자는 마스크 착용이나 사회적 거리 두기 같은 위생 권고 사항에 대한 자신의 태도를 밝히는 설문지를 작성했다. 이 실험을 통해 데카르트적 세계관에 조금이라도 세례를 받은 전자의 집단은 후자의 집단에 비해 역학 당국의 권고 사항을 준수할 가능성이 현저히 낮은 것으로 밝혀졌다. 리는 다음 실험에서 참가자에게 똑같은 방식으로 사상을 주입하고 설문지 대신 작은 선물을 제공했다. 이 경우 이원론적 사상을 주입받은 사람은 선물로 펜을 더 많이 선택했고 반면에 정신과 육체는 하나라는 사상을 주입받은 사람은 마스크를 더 많이 선택한 것으로 나타났다.[1]

이러한 놀라운 차이는 이원론자가 종종 자신의 육체를 존재의 유출인 정신을 포장하는 외형으로 취급한다는 사실에서 비롯된다. 생물학적 유기체는 심지어 손상됐다 해도 정신만은 그대로이다. 이러한 이유로 이원론자는 자신의 건강과 안전을 돌보는 데 더 무심하다. 정신과 육체는 하나라는 믿음을 지지하는 사람은 모든 위협을 더 심각하게 받아들이고 이를 예방하려고 노력한다.

형 리가 발견한 두 집단 간의 차이점은 분명하고 강력하며 유사한 성격의 다른 연구에서 얻은 결론과도 일치한다. 이는 우리의 철학적 견해가 커피숍이나 페이스북에서 하는 토론뿐만 아니라 우리의 행동 방식에 상당한 영향을 미치며 따라서 우리의 건강에도 영향을 미친다는 사실을 보여준다. 그렇다면 이러한 차이점을 자세히 살펴볼 필요가 있다. 일반적인 사고에 널리 퍼져 있는 데카르트적 이원론이 소위 체화된 인지라는 현대 과학적 관점보다 더 타당할까?

성관계에서의 자유 의지

"시간의 흐름에 대한 우리 인식은 우리가 화장실에서 나왔느냐 들어갔느냐에 따라 다르다." 언뜻 들으면 이상한 말 같지만 곰곰이 생각해 보면 상당히 일리가 있다. 우리의 생리적 상태는 우리가 세상을 인식하는 방식을 바꾼다. 그런데 우리의 생리적 상태를 인식하는 일은 시간의 흐름을 인식하는 일만큼이나 간단하다. 즉 우리가 화장실 문 어느 쪽에 있느냐 하는 간단한 사실로도 가장 근본적인 문제에 대한 철학적 견해가 달라질 수 있다. 플로리다주립대학교의 마이클 엔트Michael Ent와 로이 바우마이스터는 실험으로 이를 입증했다. 그들이 수행한 연구에서 소변을 보고 싶은 강한 충동을 느끼는 사람은 그렇지 않은 사람보다 자유 의지를 덜 믿는 경향이 있음을 보여주었다.[2] 인간은 노예가 아닌 한 완전한 자유 의지를 가진다는 믿음을 지지했던 토머스 홉스와 데이비드 흄은 이 발견에 놀라움을 금치 못했을 것이다.

배고픔이나 수면, 성적 욕구에 따라 자유 의지에 대한 견해가 변화한다는 점을 보여준 엔트와 바우마이스터의 연구 결과는 실로 획기적이다. 우리는 수 세기에 걸쳐 정신과 육체를 이원론적으로 분리된, 두 개의 실체로 생각하는 전통적인 철학적 사고에 익숙했다. 그러다 보니 육체와 정신은 분리할 수 없다는 사실을 점차 받아들이면서도 지속적으로 인간의 육체를 모든 기관을 관장하는 컴퓨터에 해당하는 정신을 담는 겉 껍데기로 취급했다. 엔트와 바우마이스터의 연구 결과가 점점 더 많이 알려지면서 우리는 정신과 육체에 대한 기존의 관점을 재고할 기회를 맞이했고 이와 관련하여 여러 질문이 떠올랐다. 우리의 신체는 우리의 정신 기능을 어느 정도까지 조정할 수 있을까? 어쩌면 신체가 우리의 생각, 우리가 내리는 결정, 더 나아가 우리에게 어떤 가치가 더 중요한지까지 영향을 주는 것일까?

머릿속의 은유

마지막 질문은 다소 파격적으로 보여 주저되지만 이미 많은 사실이 이에 대한 최종적인 해답을 제시하지는 못해도 최소한 그럴 수도 있음을 정당화하고 있다. 이런 질문이 처음 제기된 것은 줄잡아 수십 년 전이었고 그 대답으로서 '체화된 인지'라는 개념은 20세기 전반기가 끝나갈 무렵 프랑스 철학의 현상학자 덕분에 처음 등장했다. 그중 한 명인 모리스 메를로-퐁티Maurice Merleau-Ponty는 그의 저서 《지각의 현상학The Phenomenology of Perception》에서 세계를 탐구하고 언어적 표현의 의미를 결정하는 과정에서 신체의 적극적인 역할을 강조했다. 그에 따르면 신체를 세상에 의미를 부여하는 인지 기관으로 취급해야 한다.[3] 그러나 그의 제안은 심리학자에게 별다른 반향을 불러오지 못했는데 공교롭게도 메를로-퐁티가 이러한 제안을 공식화한 바로 그때가 심리학이 행동주의에서 벗어나 인간의 마음과 인지를 간학문적으로 연구하는 인지과학에 열광한 시기였기 때문이다. 이와 동시에 사이버네틱스, 즉 인공두뇌학이 급격하게 발전하면서 인공 지능의 토대가 마련되고 있었다. 이런 현상 사이에서 떠오른 상호 영감은 정보를 처리하고 유기체 전체를 관리하는 복잡한 컴퓨터로서 뇌를 보는 관점을 심리학뿐 아니라 일상적 사고에서도 붙박이처럼 고정해 버렸다. 그리하여 인간에 대한 이러한 비전에 의문을 제기하는 것은 바보짓이 되었다.

그러나 그 후 수십 년 동안 퍼즐의 모든 조각이 이 완벽해 보이는 이미지에 들어맞는 것 같지 않았다. 1980년대에 체화된 인지 개념이 부활했는데 이는 오롯이 인지언어학자 조지 레이코프George Lakoff와 철학자 마크 존슨Mark Johnson의 공이었다. 이들은 인지과학의 창시자 중 한 명인 언어학자 노엄 촘스키Noam Chomsky의 생각에 반대하여 체화된 은유 이론이라는 개념을 공식화했다. 이 이론에 따르면 언어와 개념 시스템은 신체를 통해 발생하고 은유는 단지 문학적 언어 수단에 그치는 것이 아니라 우리 마음이 작동하는 방식을 보여준다. 우리가 경험이나 활동, 개념에 대해 생각하고 이야기할 때 우리 마음은 '무거움' '상승' '움직임'과 같은 구체적인 개념 구조를 사용한다. 예를 들어 우리의 이성은 '정상'에 있으며 우리는

　　　　　　　　　4부 대중 심리학의 풍경 헤집기

곤경에 '빠지고' 궁지에서 '빠져 나온다.' 또 우리는 '힘든' 시험을 통과한다.

레이코프와 존슨은 그들의 연구와 성찰의 결과를 수집해서 600페이지가 넘는 《몸의 철학Philosophy in the Flesh》이라는 인상적인 저서로 엮었다. 이 책은 인지과학자의 사고뿐만 아니라 수백 년 동안 이어져 온 유럽 전통 철학의 틀을 뒤집어 놓았다. 그들은 책에서 신체 경험에 기반한 개념으로 구성된 철학의 은유적 특성을 보여주었다. 그들은 마음은 근본적으로 체화되어 있으며 생각은 대부분 무의식적이며 추상적 개념은 대부분 은유적임을 논증했다. 그들의 견해로 보면 이성은 추상적 법칙에 기반하지 않는데 인지가 신체적 경험에 뿌리를 두기 때문이다.[4] 이러한 혁명적인 주장만으로는 충분하지 않다는 듯 몇 년 후 레이코프와 인지과학자 라파엘 누네스Rafael Núñez는 《수학의 기원Where Mathematics Come From》에서 고등 수학의 뿌리는 신체 감각에 있으며 은유적 형태를 가진다고 주장했다.[5]

신체의 감정

데카르트의 이원론을 가차 없이 다루고 정신 기능에서 신체의 중요성에 주목한 또 다른 사상가이자 연구자는 신경과학자 안토니오 다마지오António Damásio다.[6] 그에 따르면 신체 감각이 없다면 우리는 효율적인 결정을 내릴 수 없을 뿐 아니라 자전적 자아 그리고 어쩌면 가장 중요한 우리의 의식을 발달시킬 수 없다. 비유적으로 말해 영화 〈매트릭스The Matrix〉에서 인간을 배터리로 취급해 뇌에 가상 현실을 만드는, 그러한 정보 흐름을 주입하는 설계자의 비전은 현실적으로 불가능하다. 몸의 참여와 그로부터 흐르는 감각 없이는 자각적인 경험을 만들 수 없기 때문이다.

다마지오는 생물학적 욕구, 신체 상태, 감정이 의사 결정과 이성적 사고의 필수 요소라고 믿는다. 그의 연구와 성찰의 결과는 신체 표지라는 개념을 체계화하는 기초를 제공했다. 평생에 걸쳐 우리는 자신이 처한 상황에 대한 신체 반응인 다양한 감정을 경험한다. 감정은 본질적으로 모든 종류의 내장 감각을 수반하며 그 감각은 감정에 대한 순전한 생물학적 반영으로 볼 수 있다. 바로 이런 이유로 우리는 강력한 감정을 경험할 때 뱃속에 나비가 있다는 표현을 쓴다. 즉 실제로 장이 불쾌하다는 기분을 느낀다. 유기체인 우리 몸은 이러한 감정에 대한 기억을 저장하며, 우리가 결정을 내리려 할 때 그 이차 감정이 결정으로 예상되는 결과에 대한 생리적 신호로서 나타난다. 우리는 이를 온몸으로 느끼며 다마지오는 이를 신체 표지라고 불렀다.

신체 표지는 인지 과정을 단순화하고 감정 및 신체 상태의 형태로 우리 마음에 암시를 제공하여 마음의 작용을 특정 해결책으로 이끈다. 또한 주의력과 작업 기억력을 강화하여 올바른 결정을 내릴 가능성을 높이는 데 기여한다. 부정적인 감정을 경험한 결과로 생성되는 신체 표지가 특정 효과와 병치되면 경보를 울리는 역할을 한다. 반면에, 이러한 병치가 긍정적인 표지와 함께 생성되면 그 방향으로 행동하도록 자극받는다. 신체 표지가 없다면 우리는 아마도 우유부단한 무감각에 빠질 것이다. 다마지오의 발견은 인간의 신체를 복잡한 컴퓨터를 담는 컨테이너로 보는 개념을 거부하는 것으로 이어진다. 이 컨테이너가 컴퓨터에서 매우 중요한 부분이라는 사실이 밝혀졌다. 어쩌면 가장 중요한 부분이 아닐까?

장은 제2의 두뇌

뇌의 지배적 역할을 과대평가하고 신체의 역할을 과소평가하는 습관에 의구심을 갖게 하는 또 다른 원천은 최근 각광받는 내장(장) 신경계에 대한 연구에서 비롯된다. 19세기 초 영국의 생리학자 윌리엄 베일리스William Bayliss와 어니스트 헨리 스탈링Ernest Henry Starling은 소화기가 척수에서 절단된 후에도 그 기능을 수행할 수 있다는 사실을 발견했다. 이것이 가능한 것은 약 1억 개의 신경 세포로 구성된, 상대적으로 독립된 신경 세포(일부 연구자는 이러한 세포가 5배 더 많다고 주장하기도 한다) 덕분이다. 장 신경계는 일찍이 1907년에 처음으로 '뇌'라고 불렸지만 더 일반적인 관심을 받기까지 거의 100년이라는 시간이 걸렸다. 최근 들어 여러 출판물 덕분에 장은 매우 유행하는 연구 주제가 되었으며 그러한 유행을 타고 많은 미디어에서 장을 제2의 뇌로 보는 시각이 일반화되고 있다.[7]

'제2의 두뇌'라 불리는 내장 신경계는 우리 몸에서 두 번째로 많은 신경 세포가 군집해 고양이 뇌세포 수에 맞먹는다고 할 정도로 잠재력을 가지고 있다. 그 영향력은 위장에 있는 음식을 관리하는 데 국한되지 않는다. 우리 몸이 사용하는 모든 세로토닌의 약 95%가 생성되는 곳이 바로 우리의 장이다.

또한 수년 동안 간과되어 온 사실은 장은 장내 세균총과 긴밀한 협력 관계를 유지하며 이 세균총이 없다면 인체의 기능이 불가능하다는 점이다. 이러한 복잡한 협력은 숫자로도 알 수 있다. 우리는 우리 몸의 세포보다 다른 유기체의 세포를 더 많이 갖고 있다. 세포의 무게는 다양한 방법으로 결정되지만 최소 1kg에 달한다(일부 연구자는 수kg에 달한다고도 말한다). 이 세포의 종류는 최소 500~1000개의 다른 종에 속한다. 최신 연구에서는 내장 신경계와 장내 미생물의 협력이 파킨슨병이나 알츠하이머병과 같은 심각한 질환의 발병과 관련 있는 것으로 나타났다. 실험에서는 건강한 사람에게서 채취한 장내 세균총을 이식하면 자폐성 장애로 고통받는 사람의 기능이 개선된다는 것을 보여주었다. 말레이시아에 있는 국제의과대학의 스니그다 미스라Snigdha Misra는 장내 세균총의 질을 개선함으로써 염증과 스트레스 호르몬인 코르티솔 수치 감소, 우울증과 불안 증상 완화, 스트레스 반응성 감소, 기억력 증진, 신경증과 사회적 불안 감소 같은 변화가 일어난다는 것을 보여주었다.[8]

그러나 혁명을 선언하기에는 아직 이르다. 여기에 제시된 모든 연구 보고서를 확인하고 이해하는 데는 시간이 필요하다. 불필요한 희망을 불러일으킬 이유는 없다. 그러나 위에 소개한 세 가지 연구 분야에서 지금까지 얻은 결과를 통해 수백 년에 걸쳐 확립된, 인간은 중앙 정보 처리 시스템인 뇌에 의해 모든 것이 통제되는 존재라는 비전에 의문을 제기할 수 있게 되었다. 오늘날 우리는 우리 몸이 주변부에서 발생하는 일을 '본부'에 알리는 터미널 역할만을 하는 것이 아니라는 사실을 안다. 주변부인 각 장기도 정보를 처리하며 우리가 본부로 간주하는 두뇌만큼이나 중요한 역할을 한다. 어쩌면 더 중요할 수도 있다.

14

약을 팔기 위해 숨긴 것,
노세보 효과[1]

플라세보 치료는 붉은색의 물을 와인으로 속여 파는 것과 똑같다.
플라세보로 유효한 결과를 얻지 못하면 환자는
치료법과 이를 처방하는 의사에 대한 신뢰를 잃을 수 있다.

A씨는 마침내 지역 병원 응급실에 도착했다. "제발, 제발
도와주세요…… 모든 약을 다 삼켰어요." 그는 담당 간호사에
게 웅얼거렸다. 라벨이 붙어 있지 않은 빈 약통이 그의 손에서
굴러떨어지고 불과 몇 초 후 그가 병원 바닥에 쓰러졌다. 직원
들은 즉시 필요한 응급 절차를 시작했다. 26세 남성, A씨는 매
우 창백하고 감각이 없어 보였지만 제한적인 의사소통은 가능
했다. 그는 자신이 임상 실험 참가자이며 우울증 치료제로 연
구 중인 불상의 알약 중 남은 29정을 먹었다고 가까스로 상황

을 설명했다. 그는 충동적으로 자살을 결심했지만 곧이어 아직 죽을 준비가 되지 않았다는 생각이 떠올랐다. 곧 인생이 끝난다는 것을 깨닫고는 이웃에게 자신을 근처 병원으로 이송해 달라고 요청했다. 초기 검사 결과 심각한 저혈압이 발견되었다. 혈압은 80/40mmHg(수은주 밀리미터)으로 떨어지고 있었고 심박수는 분당 110회까지 증가했다. 그는 몸을 떨며 가쁜 숨을 내쉬고 있었다. 혈압이 더 떨어지는 것을 막기 위해 즉시 0.9% 염화나트륨 용액을 그의 정맥으로 주입했다.

그 후 4시간 동안 6리터 이상의 수액을 투여했지만 혈압을 안정시키는 데 부분적으로만 도움이 됐을 뿐이다. 환자는 여전히 무기력하고 무감각했다. 의료진은 환자의 상태를 완화하려 노력하는 한편 환자가 복용한 실험용 약에 대해 자세히 알아봤다. 그가 실제로 새로운 우울증 치료제 임상 실험에 등록된 참가자라는 것이 금방 확인됐다. 그러나…… 그는 위약 대조군에 속해 있었다! A씨에게 그가 위약 집단에 속해 있다는 사실을 알리자 15분도 채 되지 않아 그의 심박수와 혈압이 정상으로 돌아왔고 무기력한 상태에서도 회복되었다.[2] 다행히도 수액 투여로 인한 신장의 영구적 손상은 발생하지 않았다.[3]

스타틴, 섹스, 아스피린

A씨는 잘 알려진 플라세보 효과의 악의 쌍둥이인, **노세보 효과**를 보여주는 유명한 사례이다. **플라세보**는 라틴어에

서 파생된 단어로 **기쁨을 준다**로 번역할 수 있다. 의학적인 맥락에서 이 단어가 처음 사용된 것은 1785년에 출간된 《어머니의 새 사전Mother's New Dictionary》이라는 책으로 거슬러 올라간다. 거기서 플라세보는 실제 치료를 모방한 엉터리 치료법이나 엉터리 약을 설명하는 데 사용되었다. 오늘날 플라세보는 실제 치료 효과가 없는 물질 또는 그런 치료법을 의미한다. 다른 한편으로 플라세보 효과는 그런 비활성 치료제를 복용한 사람들이 보여주는 긍정적 치료 효과를 가리킨다. 그런데 A씨의 사례에서 보았듯이 똑같은 비활성 물질(위약)을 먹었음에도 심각한 부정적 결과를 초래할 수도 있다. 비활성 치료제 투여로 발생하는 이러한 부정적인 결과를 **노세보 효과**라고 한다. **노세보**는 **해를 끼친다**는 뜻이다. 신약을 발견하고 시험하는 과정에서 플라세보와 노세보 효과는 매우 빈번하게 발생한다. 노세보는 의약품에 대한 모든 예상치 못한 이상 반응의 19~71%를 차지하는 것으로 추정된다.[4] 임상 시험 참가자 사이에서 이 두 가지 효과가 서로 상쇄되는 경우가 많다. 위약을 투여받은 피험자 중 약효를 경험했다고 보고한 수와 부작용을 겪었다고 보고한 수는 비슷하다.

이 두 가지 효과를 모두 검토하는 데에는 몇 가지 용어상의 어려움이 있다. 많은 저자는 노세보 효과보다는 플라세보 효과의 부정적 영향에 초점을 맞춰 설명한다.[5] 이런 현상은 의학 용어를 다소 무심코 사용하는 것과 관련 있다. 아니면 비활성 물질의 영향이 유익한지 해로운지 구별하는 데 어려움이 있기 때문일 수도 있다. 예를 들어 혈압이 감소하는 것은 위약

4부 대중 심리학의 풍경 헤집기

투여의 긍정적 효과일까, 부정적 효과일까?

어떤 이유에서인지 플라세보 효과만이 대중의 머릿속에 자리 잡았을 뿐, 노세보는 잘 알려지지 않았다. 더욱이 노세보 효과는 플라세보가 알려지고 한참 뒤인 1961년 월터 케네디 Walter Kennedy의 연구 덕분에 의학계에 처음 등장했다.[6] 한편 노세보 효과를 과소평가하면 계속해서 상당한 피해를 유발할 수 있다.[7]

이 문제의 구체적 실례는 영국의 임페리얼칼리지런던에서 수행된 연구에서 볼 수 있다. 연구진은 환자가 스타틴 계열의 약물(일반적으로 심장마비나 뇌졸중을 예방하기 위해 처방되는 약제) 치료를 중단하는 데서 노세보 효과가 큰 영향을 미친다는 사실을 보여주었다. 이 연구는 런던 해머스미스 병원에서 이전에 스타틴 부작용으로 복용을 중단한 입원 환자를 대상으로 실시되었다. 각 환자는 스타틴이 든 상자 4개, 위약이 든 상자 4개, 빈 상자 4개(치료 없음)로 구성된 별도의 용기에 12개월 분량의 의약품을 받았다. 환자는 용기 중 어떤 용기에 스타틴이 들어 있고 어떤 용기에 위약이 들어 있는지 알았다. 모든 참가자는 매일 기분이 어땠는지 자세히 기술하도록 요청받았다. 그 결과 스타틴을 복용했는지 위약을 복용했는지에 관계없이 환자들이 보고하는 중대한 부작용의 수는 비슷했다. 이러한 증상은 시험 대상자가 약을 복용하지 않은 달에만 사라졌다.[8] A씨와 마찬가지로 그들도 노세보 효과의 피해자가 된 것이다.

스타틴만이 노세보 효과의 유일한 희생양은 아니다.

2002년 아서 바스키Arthur Barsky와 동료들은 페니실린(생명을 구하는 항생제)에 관해 보고된 알레르기 반응의 97%가 실제로는 노세보 효과에 기인할 수 있음을 입증했다. 이들의 분석에 따르면 대다수의 환자가 경험하는 부작용은 사람들에게 페니실린으로 생기는 알레르기 반응이 위험하다는 인식이 널리 퍼져 있기 때문에 발생했다.[9] 페니실린은 알려진 모든 의약품 중에서 치료 적용 범위가 가장 넓은 의약품임을 상기하자.

아세틸살리실산(아스피린)으로 인한 이상 반응도 비슷한 패턴을 보인다. 세 곳의 연구 센터에서 아스피린을 다른 항응고제와 비교하는 실험을 했다. 한 곳을 제외한 두 곳의 센터에서는 미리 환자에게 아스피린을 먹으면 위장 장애가 발생할 가능성이 있다고 고지했다. 보고된 부작용을 분석한 결과 잠재적 위험에 대해 경고를 받은 환자가 그렇지 않은 환자보다 부작용을 3배나 더 자주 보고했다. 위궤양을 포함한 실제 소화 기관 손상을 객관적으로 평가했을 때 부작용을 고지받은 집단과 그렇지 않은 집단 간에 전혀 차이가 없는 것으로 나타났다.[10]

노세보 효과는 잠재적으로 남성과 파트너의 성생활을 망칠 수도 있다. 이탈리아 피렌체대학교의 비뇨기과 전문의들은 전립선 비대증 치료에 자주 사용하는 피나스테리드의 부작용을 조사했다. 연구 결과 피나스테리드로 치료받은 남성에서 성기능 장애를 호소하는 사람 중 상당 부분이 노세보 효과 때문이었다. 이러한 영향은 대개 피나스테리드나 위약 복용 여부와 관계없이 약의 부작용 정보를 받은 사람 사이에서 발생

했다.[11]

효과가 없기에 효과를 내다

2017년 《사이언스》는 염증성 피부 질환 치료에 여러 연고를 적용하는 것에 관한 논문을 실었다. 한 연고는 비싸 보이도록 포장했고, 다른 연고는 일부러 저렴하게 보이도록 만든 상자에 포장했다. 두 연고 모두에 치료 물질은 포함되어 있지 않았다. 피험자는 두 연고가 통증 민감도를 증가시킬 수 있다는 부작용 정보를 받았다. 실험 결과 위약 연고를 바른 피부 부위가 연고를 바르지 않은 부위에 비해 통증에 더 민감하게 반응하는 것으로 나타났다. 또한 더 비싸 보이는 위약 연고에서 통증이 '더 강력하다'라고 인식될 가능성이 높게 나타났다. 더욱 흥미로운 점은 피험자가 보고한 감각이 순전히 주관적이지만은 않았다는 사실이다. 피험자의 뇌를 자기공명영상으로 촬영한 결과 다른 통증 질환에서 볼 수 있는 뇌의 특징적 변화가 피험자에게도 나타났다.[12]

플라세보 효과와 마찬가지로 노세보 효과는 획득한 정보 덕에 생긴 기대감으로 발생한다. 임상 시험 중에 환자는 의약품의 예상되는 긍정적 결과와 더불어 부작용 정보를 받는다. 일부 피험자의 경우 제공된 정보와 비활성 위약 투여의 조합이 긍정적 또는 부정적 결과를 초래할 수 있다. 플라세보와 노세보 효과 모두 의사가 예측하기가 사실상 불가능하다. 어쩌면 의사에게는 환자의 성격에 관한 심층 지식과 그동안 다양한 치료법에 환자가 어떻게 반응했는지에 관한 기록이 필요할지 모른다. 노세보 효과는 의약품과 함께 제공되는 복약 안내문에서 잠재적 부작용에 대해 읽는 것만으로도 유발될 수 있다. 이에 심지어 환자에게 복약 안내문을 읽지 말게 하는 의사도 있다. 스타틴 계열 약품과 관련해 상대적으로 자주 보고되는 노세보 효과는 미디어에 의해 증폭된 근거 없는 부정적 평판 탓일 가능성이 높다. 문제는 스타틴이라는 약이 복용하는 환자의 수명을 연장한다는 사실이 분명히 입증되어 있다는 점이다. 그러나 암시된 부작용 때문에 이 치료법에 대한 환자의 순응도가 낮다. 그 결과 환자는 심장마비 및 뇌졸중 위험의 현저한 증가라는 대가를 치른다.

노세보 효과는 플라세보 효과만큼 빈번하게 발생하는 것 같다. 그렇다면 플라세보 효과는 거의 모든 사람이 아는 반면에 노세보 효과는 거의 알려지지 않은 이유는 무엇일까? 답은 간단하다. 플라세보 효과는 가치 없는 치료법이나 제품을 팔아먹는 데 도움이 되기 때문이다. 우리가 플라세보 효과에 익숙한 것은 마케팅 덕분이다. "효과가 없더라도 시도해 볼 가치가 있죠! 플라세보 효과가 작용할 수도 있잖아요?" 소위 '대체 의학'을 옹호하는 사람이 떠드는 말이다. 그들은 그 반대의 효과도 똑같이 가능성이 있다는 사실은 모른 채 다음과 같은 말도 한다. "동종 요법을 반대하는 이유는 무엇입니까? 거기에는 아무것도 들어 있지 않으니 누구에게도 해가 되지 않을 테고 환자는 플라세보 효과로 혜택을 볼 수 있지 않겠어요?" 이렇듯 가짜 치료를 정직하게 지지하는 사람이라면 노세보 효과의 가능성도 언급해야 하지 않을까?

일반적으로 노세보 효과가 자주 언급되지 않는 이유는 엉터리 치료제를 팔아먹는 데 도움이 되지 않기 때문이다. 정보를 읽고 생기는 부작용은 건강이나 생명에 실질적인 위협이 될 수 있다. 건강을 회복하지 못했는데 치료를 중단하게 만들 때 특히 그렇다. 노세보 효과 때문에 통증에 대한 저항력이 약해져 겪는 불필요한 고통은 환자들이 지불해야 하는 대가이다. 노세보 효과의 영향을 알리지 않고 플라세보 효과의 잠재적 이점만을 마케팅에 이용하는 것은 부정직한 일이다. 이는 담배, 술, 기타 의약품을 판매할 때 그 유해성에 대한 정보를 알리지 않고 판매하는 일과 다르지 않다. 현재는 치료가 불러올 잠재적 유해 효과에 관한 정보 제공을 관리하는 어떤 조치도 없는 상태이다. 미디어는 의약 물질을 두고서 주관적인 의견을 자유롭게 나눈다. 그러다 보니 일부 치료법은 증거 없이 부당한 평을 받고 또 어떤 의약품은 치료 효과가 정당화되지 않았는데도 대중에게 폭넓게 받아들여진다.

또 다른 문제는 동종 요법 '치료'에서 위약과 함께 제공하는 복약 안내문에 있다. 동종 요법 제품에는 일반적으로 활성 성분이 포함되어 있지 않거나 그 농도가 너무 낮아 약통을 다 털어도 활성 분자 하나 찾을 수 없는 경우가 많다. 그럼에도 동종 요법 제품에는 그것이 실제 의약품이라는 인상을 심어주려고 만든 설명서가 첨부된다. 동종 요법 약품 제조업체는 저혈압, 호흡 곤란, 가려운 발진, 메스꺼움, 구토, 다양한 종류의 통증, 위장 장애, 흥분, 환각, 심지어 마비와 같은 부작용을 경고한다. 2011년 전 세계의 회의론자는 "동종 요법, 그 안에는 아무것도 없다"라는 구호를 내걸고 대규모 국제 캠페인을 열었고 다량의 동종 요법 치료제를 과다 복용했다.[13] 캠페인에 참여한 수만 명의 사람 중 동종 요법 치료제 제조업체가 경고한 부작용을 겪었다고 보고한 사람은 단 한 명도 없었다. 모든 참가자는 비판적인 사고를 가진 사람들이었고 동종 요법 제품의 제조 과정과 실제 성분에 대해서도 심도 있는 지식을 갖추고 있었다. 그러나 실제 동종 요법 제품을 복용하는 사람 중에는 앞에 말한 A씨와 같은 환자가 대다수인 것이 현실이다.

모르핀과 같은 플라세보

실제 치료에서 플라세보를 사용하는 것은 임상 의사 사이에서 자주 논의되는 주제이다. 대다수의 의사는 플라세보 사용이 비윤리적이라는 데 동의한다. 이러한 견해는 노세보 효과에 대한 두려움이나 플라세보 치료가 붉은색 물을 와인으로 속여 파는 일과 똑같다는 확신에서 비롯된 것은 아니다.[14] 플라세보 효과가 측정 가능한 치료 결과를 만들지 못하면 환자가 치료법과 이를 처방하는 의사에 대한 신뢰를 저버릴 수 있기 때문이다. 때로는 더 심한 결과를 초래하는데 지금까지 어떤 플라세보 치료법도 도움이 되지 않았다면 학습된 무력감 때문에 더 이상의 치료 시도를 중단할 수 있다.

진보적인 성향의 의사들은 특정 상황에서만 플라세보 사용을 허용한다. 예를 들어 건강염려증 환자가 실제 약물을 복용하면 해가 될 수 있음에도 그 약이 도움이 된다고 생각해 계속 복용하겠다고 우길 수 있다. 이 경우 의사가 잠재적으로 해로운 약을 위약으로 대체하는 것은 정당하다고 생각한다. 마찬가지로 약물 중독을 치료하는 동안 활성 물질을 점차 비활성 물질로 대체할 수 있으며 이는 환자에게 훨씬 더 긍정적인 영향을 미칠 수 있다.[15] 이러한 접근 방식을 상담 과정에서 환자와 논의할 때도 있다. 의사는 효과적인 치료법이 없는 경우, 또는 환자에 대한 지식을 바탕으로 위약이 도움이 될 수 있다고 판단할 때 플라세보를 사용하기도 한다. 이 방식은 합의하에 주로 말기 환자의 통증을 관리할 때 사용한다. 어떤 경우에는 위약이 마약성 진통제인 모르핀만큼이나 효과적으로 통증을 줄이는 것으로 나타났다.[16] 위약을 효과적으로 적용하려면 상당한 임상 지식과 경험이 필요하다. 그렇기 때문에 위약은 다른 약물 요법과 마찬가지로 훈련된 의료진에 의해 예외적인 상황에서만 사용해야 한다. 전문 의사만이 개입의 위험성과 편익 사이의 비율을 평가할 수 있는 충분한 지식과 판단력을 갖추고 있을 것이다.

플라세보 효과 및 노세보 효과와 관련하여 고려해야 할 또 다른 중요한 사항이 있다. 두 가지 효과 모두 인상적으로 보이지만 이는 오로지 주관적 증상 및 상태와만 관련이 있다는 점이다. 여기에는 통증, 불면증, 발기 부전, 메스꺼움 및 구토, 불안, 기분 장애, 가려움증, 위장 문제 등이 포함된다. 플라세보 효과가 질환의 자연적인 경과를 거스르는 작용을 보여준 적은 없다. 위약 투여로 절단된 사지가 재생됐거나 종양이 사라지거나 전이가 완화되는 등의 결과가 나타난 적은 없다. 영구적인 신장 기능 손상이 개선되지도 않았고 다른 장기나 신체 기능의 영구적 손상 역시 초래하지 않았다. 마찬가지로 공포나 정서적 충격으로 유발되는 갑작스러운 죽음, 이른바 부두 죽음voodoo death이 화젯거리가 되어 널리 알려졌지만 비활성 물질이나 어떤 치료법이 부두 사망을 유발한다는 사실이 입증된 적은 없다.

15

심리학의 대가가 친 최악의 사기,
정신종양학[1]

스컹크를 데려다 향수에 담그고 강아지가 되기를 바랄 수는 없다.
결국 향수는 사라지고 당신 손에는 여전히 스컹크가 남아 있을 것이다.

셰리 아르고프

현재 이 장을 읽는 독자 4명 중 1명은 암으로 사망할 것이다. 이 단순한 통계는 합리적인 독자로 하여금 암으로 사망할 가능성이 상당히 높음을 깨닫게 한다. 그 결과 우리 중 일부는 암의 위험을 최소화하는 특정한 생활 방식을 따르려고 의식적으로 노력할 것이다. 그러나 사실인즉 우리는 아직 밝혀지지 않은 원인은 말할 것도 없고 암 발병 위험에 영향을 미치는 것으로 알려진 대부분의 요인에 개입할 수 없다. 지난 20년간 종양학 분야에서 많은 진전이 있었음에도 우리 중 많은 사람이 죽음에 이르기 훨씬 전에 사형 선고를 받게 될 것이다. 안타깝게도 특정 악성 종양이 발생했다는, 현재 치료가 불가능하고 관리가 어려운 상태라는 선고를 말이다. 이럴 때일수록 주변 사람들의 지지가 매우 중요하다. 어떤 사람은 의사를 신의 사도로 여겨 의사의 초인적인 능력을 기대하기도 하지만 어떤 상황에서는 간호사가 희망의 천사로 변모할 수도 있다.

이러한 생사의 갈림길에서 심리학자는 고통받는 사람들의 영혼을 달래고 긍정적인 마음을 북돋는다고 여겨져 환자와 그 가족에게 희망이 되고는 한다. 많은 심리학자가 암 진단을 받은 사람들을 돕는 데 평생을 바쳐 왔다. 그들은 암 진행과 심리적 요인 사이의 연관성을 다루는 새로운 전문 분야를 개발하기도 했는데 이를 '정신종양학'이라고 한다. 정신종양학은 암 경험의 신체적, 심리적, 사회적, 행동적 측면을 교차적으로 연구하는 학제 간 분야로 정의된다. 이 학문은 암이 진행하는 다양한 단계에서 환자의 가족 및 의료진이 받는 정서적 영향을 포함하여 환자의 정서적 반응을 연구한다. 정신종양학 지식은 치료 단계, 질병의 진행 단계에 따라 적절한 방식으로 환자를 돕기 위해 적용되며 주로 심리 교육, 심리적 지원, 질병에 대한 태도 변화, 암과 관련된 신화의 실상을 알리는 일을 한다. 또한 이런 일을 할 때는 심리 치료에 사용하는 방법과 기술을 따른다.

비록 많은 저명한 학자가 정신종양학을 연구하고 실천하고 있지만 이 분야는 의심스럽고, 사이비 과학적이며, 구루를 자칭하는 사람들의 주장으로 오염이 되어 있다. 심지어 유명 과학자가 내놓은 (최근에 입증되었듯이) 엉터리 연구 결과도 쓰인다.

기적의 일꾼을 덮친 먹구름

2019년 5월, 영국 킹스칼리지런던에서 실시한 내부 조사 보고서가 발표되었다. 이 보고서는 한스 위르겐 아이젱크Hans Jürgen Eysenck 교수가 발표한 26개의 논문에 '증거 불확실'이라는 꼬리표를 붙였다(보고서에 첨부된 목록에는 25개의 논문만 포함되어 있다).[2] 아이젱크는 아주 유명하고 영향력 있는 심리학자이다. 그는 1997년 사망하기 전까지 생존하는 심리학자 중 가장 많이 인용되었고 지그문트 프로이트와 장 피아제에 이어 역대 세 번째로 많이 인용된 심리학자였다.[3] 모든 사회과학 분야를 통틀어 가장 많이 인용된 학자의 글로벌 순위를 꼽으면 아이젱크는 지그문트 프로이트와 카를 마르크스에 이어 3위를 차지했다.[4] 오늘날까지 아이젱크는 인용 순위 3위를 지키고 있다.

킹스칼리지런던의 조사위원회가 발간한 보고서는 아이젱크가 로날트 그로사르트-마티체크Ronald Grossarth-Maticek와 공동으로 쓴, 동료평가를 받은 논문만을 면밀히 검토했고 암, 심장병 같은 질환에서 성격과 신체 건강의 관련성을 보여주는 데이터, 그리고 그 원인과 치료법에 관한 데이터를 분석했다.

검토된 모든 연구 결과는 '증거 불확실'로 평가되었다. 두 저자는 논문에서 흡연과 암, 관상동맥 질환 발병 사이에 인과관계가 없다고 주장했으며 심리학자 제임스 코인James Coyne이 《과학기반의학》지에 잘 설명했듯이 두 저자는 암 발병이 성격적 요인에 기인한다고 주장했다.[5] 3235명을 대상으로 실시한 공동 연구에서 아이젱크와 그로사르트-마티체크는 '암에 걸리기 쉬운 성격'을 가진 사람은 이런 성향이 없는 사람보다 암으로 사망할 확률이 121배 더 높다는 결과(38.5% 대 0.3%)를 얻었다고 주장했다.

두 저자는 또한 관상동맥 질환 발병에서도 성격적 요인을 원인으로 꼽았다. 그들의 연구에 따르면 '심장병에 걸리기 쉬운 성격'을 가진 피험자는 그런 기질이 없는 사람에 비해 사망률이 27배 높았다. 두 저자는 암에 걸리기 쉬운 성격을 외부에서 오는 스트레스 상황에서 대개 소극적으로 대처하는 사람으로 설명했다. 심장병에 취약한 성격은 불만족스러운 상황에서 스스로 빠져나오지 못해 그 결과 점점 더 폭력적이고 적대적으로 변하는 사람으로 설명했다. 이와는 대조적으로 '건강한' 성격이란 자율적이고 삶을 긍정적으로 보며 도전하는 성향이 높은 사람으로 설명했다.[6]

심리학계는 이런 이상한 결과를 발 빠르게 채택해서 최상의 시나리오를 짜봤자 효과가 있을 리 없는 치료적 개입을 정당화하려 했다. 임상의학의 세계에서 종양 전문의는 심리학자가 사용하는 도구에 익숙하지 않다. 그래서 의사들은 병원에서 운영하는 심리 서비스가 주류 의학과 비슷한 수준의 도구

4부 대중 심리학의 풍경 헤집기

를 사용하며 주류 의학의 치료법과 비슷한 수준으로 면밀한 검사를 거친다고 생각한다.

이 의심스러운 논문들에서 가장 주목할 만한 것은 저자가 '질병에 취약한 성향을 가진 환자에서 암과 관상동맥 질환을 효과적으로 예방할 수 있음'을 '입증'했다는 대목이다. 두 저자는 한 프로젝트에서 600명의 '질병에 취약한 성향'을 가진 환자에게 더 자율적인 결정을 내리는 방법, 자신의 운명을 통제하는 방법을 설명하는 인쇄물을 주고 읽게 했다. 이 간단한 개입은 의학과 심리학 역사상 그리고 아마도 전체 과학 문헌을 통틀어 가장 놀라운 발견이라는 결과를 낳았다. 13년이 넘는 추적 관찰 결과 무작위로 이 '독서 요법(저자들이 그렇게 불렀다)'에 배정된 600명의 환자 집단은 전체 사망률이 32%인 반면, 안타깝게 인쇄물을 받지 못한 600명의 대조군 환자 사망률은 82%에 달했다.[7] 1991년에 발표된 이 연구 결과는 종양학에 혁명을 일으켰음에 틀림없다. 아니면 엄청난 경악을 선사했거나.

비용은 중요하지 않다

타당성이나 임상적 정당성이 없는 '정신종양 전문의' 서비스의 실제 비용은 추정조차 쉽지 않다. 설상가상으로 이러한 개입은 종종 검증된 방법(예를 들면 암 진단으로 생기는 불안을 완화하는 인지 행동 치료)과 혼합해 더 광범위하게 이뤄진다. 그러나 이 서비스는 불치병 진단을 받은 환자에게 자신의 성격이나 믿음 때문에 불치병에 걸렸다는 말을 하여 불필요한 고통을 안길 수 있다. 또 환자가 질병이 낫는 데 스스로 아무것도 할 수 없다고 생각하게 되면 그 영향은 더욱 악화될 수 있다. 우리의 상식으로는 암 발병의 원인을 환자 개인의 믿음이나 성격 문제로 돌리는 것은 치료에 도움이 되지 않을 것 같다. 킹스칼리지런던의 보고서를 보면 우리의 우려가 정당함을 알 수 있다. 그 연구들은 한 마디로 다 틀렸다.

전 세계 병원에서 이런 말도 안 되는 결과를 반복하고, 인용하고, 적용하는 이유는 무엇일까? 사실상 무료로 놀라운 결과를 얻을 수 있다고 주장하기 때문이다(물론 효과도 없는 인쇄물을 만들어 배포할 때 전문가가 참여하고 거기서 막대한 비용이 들기는 하겠지만). 또 다른 요인은 심리학자와 취약한 환자 사이에 형성된 의존성이다. 이런 의존성은 환자가 심리학자에게 계속 돈을 지불하게 한다. 심리학자가 병도 주고 약도 주는, 자급자족하는 서비스를 계속 만들어 내는 것이다. 상당한 비용이 새롭게 생겨난, 쓸데없는 수요에 지출된다. 한정된 의료 예산을 더 효율적으로 사용할 수 있는 방법은 없을까? 그 답은 독자 여러분께 맡기겠다. 이 장의 뒷부분에서 설명하겠지만 한 가지 확실히 알 수 있는 사실은 아이젱크는 상당한 비즈니스적 감각을 가진 사람이라는 점이다.

킹스칼리지런던이 발표한 보고서는 학계에서 또 다른 격렬한 논쟁을 불러일으켰다. 여기서 얘기하는 사람은 2013년 연구 데이터를 조작한 것으로 드러난 디드릭 스타펄Diedrik Stapel처럼 이제 막 과학자로서의 경력을 시작한 후세대 연구자가 아니다.[8] 아이젱크는 심리학의 창시자라 할 만한 사람으로 이 분야에 미친 공헌은 다른 사회과학의 거장과 비교할 수 없을 정도이다. 심리학의 다른 사기 스캔들이 발표될 때와 마찬가지로 아이젱크에 관한 새로운 사실에 직면한 심리학자들은 당황스러워 보인다. 그들이 혼란스러워하는 이유는 무엇일까?

업적일까, 기이한 우연일까?

아이젱크는 주로 자신이 만든 성격 유형 모델을 중심으로 학문적 업적을 쌓았다. 그 모델은 인간의 생물학적 성향에 기반한 요인 분석을 통해 구축한 것이다. 아이젱크의 성격 모델은 오랜 세월이 흘러도 건재했는데 이는 여러 연구에서 그의 모델의 예측 타당성이 입증됐기 때문이었다. 후속 세대의 심리학자들은 환자를 진단할 때 아이젱크가 만든 성격 조사 설문지를 사용했다. 오늘날 아이젱크 모델은 다른 모델로 업데이트되었지만 핵심 요소는 여전히 소위 빅 파이브, 즉 성격 5요인 모델(세계에서 가장 인기 있는 성격 모델이다)의 기초를 이룬다. 아이젱크는 영국에서 임상심리학 분야를 확립하는 데 결정적인 역할을 했으며 전통적인 정신분석적 접근법과 달리 훨씬 더 효과적인 행동 치료법을 끊임없이 홍보했다.

그런데 아이젱크의 명성은 심리학자 시릴 버트Cyril Burt 경을 지나치게 옹호한다는 논란과 깊이 얽혀 있었다. 버트는 존재하지도 않는 공저자의 이름을 날조하는 등 연구 결과의 대부분을 위조하거나 꾸며내어 신뢰할 수 없는 인물이었다. 버트는 과학에 기여한 공로로 기사 작위를 받은 최초의 심리학자였기에 아이젱크는 그를 향한 충심으로 판단력이 흐려졌을 수도 있다. 게다가 버트는 아이젱크의 오랜 멘토로서 아이젱크가 사회과학의 깊은 세계로 뛰어들 수 있도록 도와준 사람이기도 했다.

그러나 충성심으로는 초심리학과 점성술에 대한 아이젱크의 독특한 믿음을 옹호할 수 없다. 아이젱크가 초자연적 현상의 존재를 증명하고자 자주 인용했던 초심리학 실험은 항상 방법론적 규범을 따르지 않아 결함이 있었고 그중 어떤 실험도 재현되지 않았기 때문에 아이젱크의 믿음은 순진하다고밖에 설명할 수 없다. 마술사이자 유명한 회의주의 사상가인 제임스 랜디James Randi는 아이젱크가 사기꾼에 불과한 초능력자와 점쟁이를 지지하고 지원하면서 그들이 진짜라고 홍보했고 그들이 사용하는 기만적인 방법을 비판하거나 언급조차 하지 않았다고 지적했다. 1977년 아이젱크는 프랑스의 심리학자이자 점성술사인 미셸 고클랭Michel Gauquelin이 제안한, 터무니없는 화성 효과를 지지하는 논문을 썼다. 이 논문은 출생 시점 및 출생 장소에서 지평선을 기준으로 한 화성의 위치와 운동 선수로서의 탁월함 사이에 통계적 상관관계가 있다는 주장을 했다.[9]

우리가 노인들의 괴상한 변덕을 참고 넘어가듯이 사람들은 아이젱크의 여러 믿음을 적당히 모른 척하고 넘어갔다. 그러나 안타깝게도 그 괴짜 같은 신념이 모두 무해한 것은 아니었다. 아이젱크의 《정치의 심리학The Psychology of Politics》은 매우 논란이 많은 책으로 드러났다. 아이젱크는 정치적 행동은 두 가지 독립적인 차원, 즉 전통적인 좌파와 우파의 구별, 그리고 한 사람이 얼마나 '부드러운지', '강인한지'로 분석할 수 있다고 제안했다. 그가 책을 쓰는 데 기초가 된 연구는 많은 비판을 받았다.[10] 그중 하나는 아이젱크가 사용한 표본이 주로 젊고 교육 수준이 높은 사람으로 구성되었기 때문에 그의 연구 결과가 영국 중간 계급 전체를 대표할 수 없다는 것이었다. 또한 실험에 참여한 다양한 정당의 지지자는 일관성 없는 방식으로 모집되었다. 공산주의자는 당 지부를 통해서, 파시스트는 어떤 특정한 기준도 없이, 여타의 정당 지지자는 아이젱크의 학생들이 자기 친구들에게 배포한 설문지를 통해서 모집했다. 아이젱크는 나중에 중간 계급에 속한 250명의 자유당 지지자의 답변과 노동 계급에 속한 27명의 노동당 지지자의 답변을 비교했다. 이는 방법론적 실수의 결정판으로 아이젱크는 자신의 가설을 뒷받침하는 방식으로 수치를 반올림했다. 이 외에도 몇 단락을 더 써야 할 만큼 비슷한 논란이 많았다.

그러나 아이젱크의 업적 중 가장 파괴적이고 악명 높은 것은 1980년에 출판한 《흡연의 원인과 결과The Causes and Effects of Smoking》라는 책이다. 아이젱크는 책에서 이미 확립된 흡연과 폐암 사이의 인과관계를 비판했다.[11] 이후 아이젱크는 로날트 그로사르트-마티체크와 공동으로 연구해 나중에 '증거 불확실'이라는 평가를 받게 되는 수많은 논문을 발표했다. 킹스칼리지런던의 보고서 작성 과정에서 드러난 두 연구자의 부정행위는 전 세계 과학계를 경악과 충격에 빠뜨렸다.

기념비에 생긴 흠집

그로사르트-마티체크와의 연구에 방법론적으로 문제가 있다는 점이 처음 언급된 것은 1985년 데이비드 길버트David Gilbert가 아이젱크에게 보낸 편지에서였다.[12] 여기서 놀라운 점은 길버트가 아이젱크에게 자기가 우려하는 바를 보낼 당시 길버트는 R.J. 레이놀즈 담배 회사에서 근무하고 있었다는 사실이다. 1980년대 후반에 들어서 아이젱크와 그로사르트-마티체크의 합작 연구를 겨냥한 더 심각한 의혹이 제기되었다. 1991년 학술지 《심리학 연구》는 한 호 전체를 두 저자의 연구에 할애했다. 정신종양학 및 의학통계 분야의 권위자들은 주로 두 가지 문제에 초점을 두고 연구에 어떤 문제가 있는지 설명했다. 하나는 피험자 모집 전략과 측정의 신뢰성, 기타 데이터 수집의 오류로 생기는 데이터의 정확성 문제였다. 다른 하나는 실험 결과의 신뢰성이 부족하여 유사하게 수행된 다른 실험에서 볼 수 없는 특이한 결과가 종종 나타났다는 점이다. 두 저자의 연구 결과는 당시의 임상 지식과 암 및 기타 질병의 원인을 설명하는 최신 연구와 일치하지 않았다.

1993년 글래스고에 있는 프리오리 병원의 정신과 의사 앤서니 펠로시Anthony Pelosi와 루이스 애플비Louise Appleby가 이런 문제를 수집해서 공동으로 논문을 출판했다.[13] 1996년과 1997년에도 아이젱크와 그로사르트-마티체크의 실험을 재현하려는 시도가 몇 차례 이루어졌다. 그러나 그런 연구는 원래의 연구 결과를 재현하지 못했다.[14,15]

이상하게도 대다수의 관심에서 빗겨나간 사실이 하나 있는데 그로사르트-마티체크는 자기가 킹스칼리지런던에 소속되어 있다고 주장했지만 실제로 그곳에서 일한 적이 없다는 점이다. 그는 하이델베르크대학교에 일했고 아이젱크만 킹스칼리지런던 정신의학연구소에 고용되어 있었다.

앞서 언급한 아이젱크의 '비즈니스' 직관에 대해 자세히 살펴보겠다. 아이젱크가 수행한 연구의 정확성과 정직성에 대한 의혹은 과학계뿐만 아니라 다른 분야에서도 제기되었다. 1996년 뉴스 매체 《인디펜던트》는 미국의 비밀 담배 펀드와 일부 대형 담배 제조업체가 80만 파운드(1996년 환율 기준 약 130만 달러 상당)가 넘는 돈을 아이젱크에게 지급했다는 사실을 폭로하는 기사를 실었다. '특별 계좌 4번'으로 알려진 이 비밀 기금은 미국 과학자에게 수백만 달러를 지급했는데 그런 과학자는 주로 담배업계 소속 변호사들이 엄선한 사람이었다. 왜냐하면 연구 결과가 담배와 연관된 폐암 피해자들이 제기하는 소송에서 담배 회사를 보호하는 데 사용될 수 있기 때문이었다.[16]

이러한 폭로에 대한 답변에서 아이젱크는 특별 계좌 4번이 무엇인지 들어본 바 없으며 연구에 사용한 수백만 파운드가 어디서 온 것인지도 기억하지 못했다. 연구 프로젝트를 이

끌 연구자를 선정하고 심사하는 과정에서 담배업계 변호사가 개입했는지 의견을 묻자 아이젱크는 다음과 같은 짧은 답을 내놓았다. "연구비를 지원해 준다면 그게 누구든 나는 개의치 않습니다." 아이젱크는 또한 중요한 것은 자금의 출처가 아니라 연구의 질이라고 말하며 앞서 언급된 자금을 사용한 적이 없다고 덧붙였다. 법원 재판 과정에서 드러난 문서에 따르면 아이젱크는 영국 담배 산업의 주요 수혜자 중 한 명이었으며 특별 계좌 4번은 그에게 소위 '자문'을 구한 대가로 추가 제공된 특별 재정 지원으로 밝혀졌다. 담배 산업을 옹호하고 흡연과 폐암의 연관성을 부인함으로써 초래된 의학적 결과는 여전히 추정하기가 어렵다. 폐암으로 인해 2012년에만 최소 150만 명이 사망했다.[17] 폐암은 주로 흡연과 관련이 있고 보통 수십 년에 걸쳐 발병하기 때문에 금연 정책의 도입이 1년 정도 늦어짐으로써 얼마나 많은 피해가 발생했을지도 정확히 계산할 방법이 없다. '건강한' 성격을 가진 사람은 쉽게 암에 걸리지 않기 때문에 폐암에 걸릴 위험 역시 없거나 낮다고 가정하는 인쇄물을 받아본다면 어떤 사람들은 금연을 미루거나 심지어 완전히 포기할지도 모른다고 나는 상상한다.

전설에 대한 두려움

이런 모든 논란에도 불구하고 아이젱크와 그로사르트-마티체크가 출판한 연구 논문을 철회하는 조치를 취한 사람은 아무도 없었다. 과학계는 전설적인 사람에 대한 두려움 때문에 위에서 설명한 사례만으로 결정적인 조치를 취하기에는 충분하지 않다고 본 것이다. 2019년 앤서니 펠로시가 《건강심리학저널》에 아이젱크의 사례를 "최악의 과학 스캔들"이라고 비판하는 논문을 출판하지 않았다면 이 사건은 아무런 결론도 얻지 못했을 것이다.[18] 나중에 알았지만 펠로시가 논문을 게재하는 일은 쉽지 않았다. 펠로시는 3년 전 아이젱크가 직접 창립한 학술지 《성격 및 개인차》에 논문을 써달라는 제안을 받고 논문을 썼다. 그러나 펠로시는 논문을 제출하고 바로 게재 거부를 당했다. 그 후 펠로시는 논문을 실어줄 저널을 다시 찾는 데 3년이 걸렸다.

펠로시의 논문에는 《건강심리학저널》의 편집장인 데이비드 막스David Marks가 킹스칼리지런던에 보낸 공개 서한이 첨부되어 있었다. 데이비드 박스는 킹스칼리지런던과 영국심리학회에 공식 조사를 시행하라고 호소하며 40여 편의 논문, 10장에 달하는 책의 챕터, 그리고 세 차례나 발행된 두 권의 책을 포함해 총 61개의 출판물을 철회하거나 최소한 수정이라도 해야 한다고 요청했다.[19]

이러한 공개적 요청에 따라 킹스칼리지런던은 막스 측에서 검토를 요청한 논문 중 3분의 1에 대해서만 조사를 진행했다. 검토한 논문은 조사 완료 후 공개된 보고서에서 교묘하게 '증거 불확실'로 기술되었다. 조사는 출판 당시 정신의학연구소에 소속되어 있다고 보고한 저자의 출판물만 대상으로 했다. 아이젱크는 1983년에 연구소와의 협업을 끝냈기 때문에 그 이후에 출판된 그의 모든 저작물은 조사 대상에 포함되지 않았다. 영국심리학회는 공개 서한에 대해 응답을 하기는 했지만 그 책임을 대학에 떠넘김으로써 독립적인 조사 시행을 거부했다.[20]

사기 기록 보유자들과 함께

1970년대, 아이젱크의 스승이었던 시릴 버트 경의 사기 행각이 마침내 논란의 여지 없이 입증되었을 때 이 사건은 심리학 역사상 전례가 없는 사건으로 보였다. 버트가 행한 연구 결과의 조작 범위와 대담함, 그의 허세와 오만함(버트는 이후 논문에서도 자신이 만들어 낸 숫자를 소수점 두 자리까지 정확하게 복사해 썼다), 책임 회피(존재하지도 않는 공동 저자를 만들어 냈다)는 너무나 충격적이라서 앞으로 그런 조작과 은폐를 또 반복할 용기를 낼 수 있는 사람은 없을 것 같았다. 특히 버트가 어떤 사실을 확인하려면 몇 주에 걸쳐 전화 통화를 하고 편지를 보내고 장거리 여행을 하거나 기록 보관소를 문이 닳도록 방문하는 과정(오늘날에는 단 몇 시간도 걸리지 않는다)이 필요한 시대에 살았음을 고려해 본다면 말이다.

안타깝지만 스캔들이 또 발생하는 데는 그리 많은 시간이 걸리지 않았다. 몇 년에 한 번씩 심리학계에 소소한 사기꾼들이 나타나기는 했지만 2013년 등장해서 마침내 버트를 퇴진시킨 이가 있으니 그는 앞서 언급한 네덜란드의 사회심리학자 디드릭 스타펄이다. 그가 출판한 논문 중 최소 58편이 위조된 것으로 밝혀졌고 이후 이 논문은 모두 철회되었다. 얼마 지나지 않아 심리학자 더크 스미스터Dirk Smeester와 로렌스 산나Lawrence Sanna의 사기 행각이 드러났고 암스테르담에서 연구하는 독일 심리학자 옌스 푀르스터ens Förster와 미국 심리학자 브래드 부시먼Brad Bushman의 연구 논문 역시 위조되었다는 사실이 밝혀졌다.[21-24] 세계 최고의 대학조차 이 스캔들을 피해 갈 수 없었다. 산드라 로자노Sandra Lozano는 스탠퍼드대학교 교내에서 연구 결과를 조작했고 마크 하우저Marc Hauser는 하버드대학교 한복판에서 수치를 조작했다.[25,26] 2018년에는 필립 짐바르도Philip Zimbardo의 그 유명한 스탠퍼드 감옥 실험이 위조되었다는 사실이 드러나 전 세계가 충격에 빠졌다.[27] 사기 행각은 이것이 전부가 아니다. 이보다 훨씬 많다. 나는 심리학 역사상 가장 유명하고 저명한 학자가 저지른 사기 행각에만 초점을 맞추었을 뿐이다. 영국심리학회는 펠로시와 막스가 주장한 61개 논문의 철회 요청에 대한 조사를 거부했다. 이 때문에 가까운 시일 내에 한스 아이젱크가 가장 많이 인용된 심리학자 명단에서 제외되는 일은 보지 못할 것 같다. 한스 아이젱크야말로 58편의 논문이 철회된 '과학 사기꾼의 왕'인 디드릭 스타펄을 폐위시킬 수 있는 사람인데도 말이다.

이 일련의 사건에서 우리의 고발이 아이젱크가 했던 연구 중 일부만을 겨냥한 것임을 잊지 말아야 한다. 아이젱크는 평생 풍족한 삶을 누리며 사는 동안 900여 편의 과학 논문을 출판하고 50여 권의 책을 냈으며 이 책은 이후 수많은 외국어로 번역되었다. 그 모든 출판물을 검증해야 하지 않을까?

굴욕적으로 명예가 실추된 디드릭 스타펄은 실직을 당한 후 사기를 돌아보는 독특한 회고록을 출판했는데 여기서 그는 심리학자의 특성을 상당히 정확하게 설명했다. 스타펄은 학계에 통제 시스템이나 자가 교정이 거의 없는 상태라 "아무도 나의 작업을 확인하지 않았다. 그들은 나를 믿었다"라고 강조했다.[28] 일단 사기꾼이 학계에서 강력한 지위를 확보하고 직함, 학위, 상금, 상, 명예박사학위 등으로 이를 공고히 하고 나면 학계는 그에게 더 깊은 신뢰를 보낸다. 상황이 이러한데도 과학에는 자가 교정 메커니즘이 내장되어 있다고 말하면서 말이다. 학문의 자유에 대한 학계의 이런 그릇된 인식과 몰이해로 정작 대가를 치르는 쪽은 일반 대중이다. 대중은 심리학자에게서 암 발병 위험, 불필요한 고통, 조기 사망에 대한 잘못된 믿음을 주입받아 일상에서 흡연과 관련된 결정을 내리고 자신의 성격을 개선하기 위한 결정을 내린다. 그에 따른 피해가 어느 정도인지 알 수가 없는 게 지금의 상황이다.

4부 대중 심리학의 풍경 헤집기

5부

치료 문화의 허상 까발리기

지식의 가장 큰 적은 무지가 아니라 알고 있다는 착각이다.

— 스티븐 호킹

16

근본적 물음을 던져라,
심리 치료는 효과가 있는가?[1]

치료 문화가 완전히 지배하는 시대를 사는 오늘날,
심리 치료의 현 상태에 대해 일반적 판단을 내릴 권한,
적어도 증거에 기반한 판단을 내릴 권한은
누구에게도 없을 것이다.

오래된 인도 우화에 코끼리란 무엇인지를 배우기로 결심한 여섯 명의 시각장애인 이야기가 나온다. 한 사람은 코끼리의 딱딱한 가죽을 만지며 벽이라고 말했다. 두 번째 사람은 상아를 만져보고 창이라고 판단했다. 세 번째 사람은 코를 만져보고 뱀의 일종이라고 확신했다. 네 번째 사람은 코끼리의 무릎을 만지자 나무라고 말했다. 코끼리 귀가 만드는 돌풍을 경험한 다섯 번째 남자는 그것을 부채라고 선언했다. 마지막으로 여섯 번째 사람은 코끼리의 꼬리를 잡고는 코끼리가 그저

평범한 밧줄이라고 결론지었다. 각자 자신의 견해를 가진 그들은 서로 모순된 믿음을 받아들일 수 없어 상반된 의견을 고수한 채 코끼리의 진짜 모습을 제대로 알지 못한다.

이 이야기의 교훈은 우리가 관찰자로서 시각장애인을 바라보는 입장일 때 너무 뻔하다. 그러나 우리 자신이 코끼리의 일부만 만질 수 있을 때는 그 교훈을 깨닫지 못한다. 눈 가리고 코끼리 다리만 만지는 격의 다툼이 신문 칼럼, 라디오 스피커, TV 화면, 컴퓨터, 태블릿, 스마트폰을 가득 채우고 있다. 우리 역시 여러 분야에서 일어나는 다툼에서 하나의 역할만을 담당하고 있으며 전체 그림을 보지 못한다. 결국 우리가 현실에서 코끼리 다리만 보고 우기는 행동을 당연시하면 그에 따른 수혜자가 있게 마련이다.

시각장애인은 심리 치료에 대해
무엇을 알고 있을까?

지나치게 세심하고 엄밀한 연구들은 마치 시각장애인이 코끼리 다리 만지듯 심리 치료는 언제나 이해할 수 없는 인간 활동 영역이라고 믿게 만든다. 오늘날, 심리 치료의 현 상태에 대해 일반적 판단을 내릴 권한, 적어도 증거에 기반한 판단을 내릴 권한은 누구에게도 없을 것이다. 이러한 단정적 표현을 쓰는 이유는 심리 치료 직종에 대한 기본적인 수치가 없기 때문이다. 세계보건기구WHO는 설문 조사를 통해서만 데이터를 수집하는데 여기에 심리 치료사는 명시하지 않고 정신 건강을 다루는 심리학자와 정신과 의사, 기타 전문가의 추정 수치를 제시한다.[2] 일부 국가(독일, 스웨덴, 호주 등)에서는 국민건강보험기금으로 심리 치료사 수에 대한 통계를 관리하며 민간 서비스 영역은 어떤 종류의 조사도 받지 않는 경우가 많다.[3] 예를 들어 인구 3800만 명에 달하는 폴란드에서는 현재 심리 치료사 수가 대략 몇 명인지조차 파악되지 않는 등 많은 국가에서 관련 데이터가 없다. 심리학자와 정신과 의사를 제외하고 심리 치료사라는 직업을 규제하는 법적 규정이 없는 곳에서는 아마추어가 이 직업에 종사하고 있다.

활동 중인 심리 치료사의 수를 알지 못하면 환자 수 역시 합리적으로 추정하기 어렵다. 이런 수치를 파악하지 않는다면 치료 서비스의 질, 효과, 유해성에 대해 어떤 판단을 내릴 수 있을까? 결국 그러한 판단은 이용 가능한 무작위 주관적 데이터에서만 도출될 것이다.

또한 얼마나 많은 환자가 심리 치료를 받고 있는지, 얼마나 많은 환자가 심리 치료를 완료했는지, 또 어떤 효과가 있었는지도 알 수가 없다. 건강보험 급여가 지급되는 심리 치료는 일부 수치를 수집할 수 있겠지만 이는 훨씬 더 큰 전체의 부분에 불과하다. 얼마나 많은 환자가 심리 치료를 받았는지 알 수 없고 안다 해도 전체 치료 수의 극히 일부분일 것이다.

책의 1부와 3부에서 언급했듯이 내가 아는 모든 유형의 심리 치료(여러 심리 치료법들)를 헤아리려는 시도가 2018년에 마지막으로 이루어졌다. 그 당시 심리 치료법은 600여 가지가 넘는다는 엄청난 결과가 나왔지만 그 수가 전부라는 보장은 전혀 없었다.[4] 전 세계 어디에도 이와 관련한 온전한 기록은 없다.

어떤 치료법은 치료사 자격증을 취득하는 데 고작 수십 시간의 온라인 과정만 이수하면 되고 또 어떤 치료법은 몇 년 동안 집중적인 교육을 받도록 한다. 잘 알려진 대중적 치료법도 있고 그렇지 않은 치료법도 있다. 순전히 공상에 가까운 치료법도 있다. 어쨌든 문제는 이런 치료법들의 상대적인 비율이다. 새로운 치료법이 끊임없이 등장하고 있으며 신뢰를 얻지 못하는 치료법에는 다시 새로운 이름을 붙이면서 점점 혼란이 가중되고 있다. 치료법 중 일부는 유행이 지나 유통되지 않는다는 사실을 고려하더라도 전체 치료법의 수는 언제나 증가하고 있다. 그중 효과를 검증한 것은 십여 개 남짓이고, 또 그중에서도 아주 소수만이, 그것도 아주 제한적인 문제와 관련해서만 그 효과가 입증되었다.

이 주제를 더 깊이 파고들수록 더 많은 물음표만 쌓일 뿐이다. 이 모든 것은 오늘날 심리 치료라고 불리는 활동에 대해 일반적 판단을 내리는 일이 앞 못 보는 사람이 코끼리의 한 부분만을 짚고 판단을 내리는 일과 같은 격임을 의미한다. 치료에 만족하는 환자가 느끼는 심리 치료의 이미지가 다르고 지속적으로 통제받으며 방법을 개선하는 특정 학파 출신의 치료사가 느끼는 치료의 이미지가 다르다. 원칙 없는 치료사에게 치료를 받은 환자가 느끼는 치료의 이미지가 다르고 잘 작동하는 현실의 일부만을 보는 과학자가 느끼는 치료의 이미지

　　　　　5부 치료 문화의 허상 까발리기

역시 다르다. 이 현상에 대한 우리 자신의 의견을 내놓으려 할 때, 우리는 그것이 현실의 단편만을 접한 시각장애인의 설명을 바탕으로 만들어진 이미지라는 사실을 충분히 인식해야 한다. 그것은 완전하지 않은 그림이며 시각장애인이 확신에 차서 장담할수록 그 판단은 거짓일 가능성이 크다.

객관적 연구 결과의 관점에서

물론 객관적인 연구 데이터를 찾으려고 노력할 수는 있지만 그럴수록 더 많은 물음표가 생긴다. 가장 인기 있는 몇 가지 치료법의 효과를 보고하는 논문의 홍수 속에서 때때로 앞서 코끼리 다리를 만진 시각장애인의 이야기가 아닌지 다시 생각하게 하는 연구 및 메타 분석을 발견할 수 있다. 2017년에 발표한 이러한 메타 연구 중 하나에서 에반겔로스 에반겔루Evangelos Evangelou와 연구진은 가장 높은 방법론적 기준을 충족하는 심리 치료의 효과에 대한 5000건 이상의 연구를 분석했다. 그 연구들을 정밀하게 살펴본 결과 대부분의 연구가 심리 치료 효과를 지지하는 것으로 나타나기는 했으나 효과가 확인된 연구는 그중 단 7%뿐이었다.[5] 우리가 다루려는 문제는 모래 위에 지어진 성일까? 그렇다면 이전에 어떻게 아무도 그것을 알아차리지 못했을까?

5만 명 이상이 참여하고 400여 편의 연구 논문이 포함된, 2021년 4월 《네이처》에 게재된 메타 분석에서는 정신 건강 문제를 다루는 전통적 방법이 반드시 광고에서 약속한 결과를 내놓지 않는다는 사실을 확인해 주었다.[6] 사실 마음챙김에 기반을 둔 다중 긍정 심리 개입, 단일 긍정 심리 개입, 인지 행동 치료, 수용 전념 치료, 회상 치료가 어느 정도 효과를 보였다. 그러나 연구진이 쓴 것처럼 효과 크기는 기껏해야 중간 수준이었고 증거의 질도 일반적으로 낮거나 중간 수준이었다. 이것이 100년 넘게 심리 치료와 다른 형태의 심리적 도움을 집중적으로 개발해서 얻은 초라한 결과이다.

왜 이런 상황이 됐는지에 대한 답은 독일과 스위스의 연구진이 수행한 또 다른 연구를 통해 알 수 있는데 그들은 2010~2013년에 발표된 심리 치료 효과에 관한 900여 편의 논문을 분석했다.[7] 연구진은 출판된 논문에 이해 충돌 여부가 표기되어 있는지 조사했다. 대부분의 저널은 명백한 이유(독자는 연구자가 어떤 식으로든 누구의 지원을 받아 연구했는지 알아야 한다)에 따라 재정적 또는 비재정적 이해관계를 신고하도록 요구한다. 예를 들어 제약회사의 직원이 자사 약품의 효능 연구를 발표할 수 있지만 해당 제약회사의 직원이라는 사실, 해당 제약회사와 금전적 이해관계가 있다는 사실을 이름 옆에 표기해야 한다. 심리 치료의 효과 연구의 경우 일반적으로 이해 충돌이 발생하는 요인은 연구자가 현재 연구 중인 치료법을 시행하는 심리 치료사라는 사실이다. 연구 중인 치료법을 나쁜 시각으로 보여주는 것이 연구자의 입장에서는 유리한 일이 아닐 수 있기에 그 연구자가 해당 치료법을 수행하는 데 관여하는지 여부를 독자가 인지해야 한다. 안타깝게도 분석 대상 논문 중 상당수가 이를 표기하지 않았고 면밀히 검토한 결과 실제로 이해 충돌이 존재한다는 사실이 밝혀졌다. 이러한 은폐는 단순히 연구자의 부주의 탓이었을까?

심리 치료에 관한 연구를 오래 검토할수록 처음에는 명확했던 심리 치료의 이미지가 점점 흐려진다. 이는 연구에서 가장 높은 효과를 보인 주요 치료법만 살펴봐도 느낄 수 있다. 독립적으로 수행된 여러 분석에서 정규 치료사는 심리 치료 지침이 명시된 교재를 알고 있고 어떤 방법이 과학적으로 문서화되어 있는지도 알고 있으며 그런 방법을 사용한다고 공개적으로 말하지만 실제로는 몰래 자기가 선호하는 방식을 시행하는 것으로 밝혀졌다.[8, 9] 이들의 의견에 따르면 이러한 지침은 연구 결과와 달리 환자에게 적합하지 않으며 실제 임상에서 효과가 없다는 것이다. 이런 확신 때문에 치료사는 환자에게 필요한 일련의 과제를 부여하지 않고 치료의 초점이 행동에서 치료적 대화로 이동하게 된다. 그 결과 환자의 상태가 개선되는 대신 악화될 수 있다.[10] 또한 환자들이 정규 지침에 따라 심리 치료를 받는다고 해도 그 실행 방법이 교재에 나와 있는 것과 거리가 먼 경우가 많다는 연구 결과가 있다. 이는 이미 상당한 크기로 벌어진 실제 임상과 심리 치료 연구 결과 사이의 간극을 더욱 심화한다. 안타깝게도 이러한 경향은 매우 광범위하게 퍼져 연구 결과에서 효과가 있는 치료와 환자가 실제로 받는 치료 사이의 격차는 계속 증가하고 있다.[11]

그러나 심리 치료 환경의 완성도를 높이는 데 가장 걸림돌이 되는 것은 연구자와 치료사 스스로가 더 완벽한 환경을 만들 수 있는 정보를 의식적으로 폐기한다는 점이다. 2014년 발표된 한 논문에서 연구진은 2010년에 발표된 심리 치료 효과에 관한 모든 연구 논문을 검토했다. 이 중 3%만이 심리 치료의 부정적인 영향을 자세히 설명했고 18%는 해당 주제에 대한 초보적인 데이터만 포함하고 있었으며 나머지 79%는 심리 치료의 부정적 영향을 모니터링한 것에 대한 정보를 포함하지 않았다.[12] 그 논문을 쓴 저자들은 연구 계획 단계에서부터 이러한 부작용이 발생할 가능성을 이미 배제했던 것일까? 이런 행동은 코끼리의 본성을 탐구하기 위해 양손을 모두 사용할 수 있음에도 한사코 한 손만 코끼리에 대보는 시각장애인의 행동과 비슷하지 않은가?

1993년에 발표된, 125개의 연구를 포함하는 매우 광범위한 메타 분석에 따르면 최근까지 환자의 거의 절반(47%)이 치료를 조기에 중단했다는 사실로 인해 심리 치료의 그림은 더욱 모호해졌다.[13] 물론 최근 연구에서는 조기 치료 중단의 비율이 약간 개선되었지만 여전히 해리 장애를 앓는 환자의 경우 약 18%, 조현병 및 정신증적 장애를 앓는 환자의 경우 거의 30%가 치료를 조기에 중단했다.[14] 우리는 사실상 이 환자들에게 무슨 일이 일어나고 있는지 알지 못한다. 이 환자들이 다른 치료사를 찾아간 것일까? 그들의 상태가 악화된 것일까? 아니면 심리 치료의 도움을 받는 대신 자신의 문제를 스스로 대처할 방법을 찾은 것일까?

무언가 잘못되었을 때

나는 수년 동안 연구자들이 무시해 온, 심리 치료로 건강이 나빠지고, 인생을 낭비하고, 가족 관계가 파탄났다고 탓하는 사람들을 만나봤다.[15]

나는 그들의 쓴소리가 정당한지 판단하고 싶지 않다. 물론 나에게 그들의 목소리가 덜 중요하다는 말은 아니지만 시각장애인이 코끼리의 본질에 대해 저마다 목소리를 높이고 떠들어대는 소란 속에서 그들의 목소리는 주목을 끌기 어렵다. 그래서 나는 오히려 그들의 목소리에 특별한 주의를 기울여야 한다고 생각한다. 누군가가 심리 치료라고 부르는 실험에 참여하기 위해 큰 대가를 지불한다면 그들이 바로 그 누군가다. 어쩌면 그들은 근본적으로 나쁜 치료사를 만났거나 잘못된 선택을 했거나 너무 많은 것을 기대했던 것은 아닐까? 아니면 심리 치료에 쉽게 빠져들게 하는 어떤 함정 같은 게 있는 걸까? 그러나 그들의 이야기를 듣지 않고는 우리는 이를 밝혀낼 수 없다. 세상에 나쁜 치료사도 존재할 수 있다는 사실 이외에 다른 문제는 없다는 주장을 펼치며 그들의 이야기를 쉽게 무시할 수도 있는 일이다. 이런 비슷한 방식으로 가정 폭력, 성적 학대, 직장 내 괴롭힘 등을 경험한 사람들의 신고를 별일 아닌 것으로 치부할지 모른다. 어쩌면 그렇게 아픈 사람을 무시해야만 이 현상의 본질에 대해 무언가를 배우게 되는 것일까? 건강한 사람을 조사함으로써 질병의 원인을 발견할 수 있을까? 정직하고 올곧은 사람의 행동을 살펴봄으로써 범죄를 예방할 수 있을까?

　이러한 질문을 수사학적으로 다루면서 나는 스스로를 심리 치료의 피해자라고 생각하는 사람들의 이야기를 들어보았다. 그들의 이야기를 통해 우리 대부분이 눈(또는 시각장애인의 손)으로 현상의 본질을 대충 훑어볼 때 놓치는 중요한 세부 사항을 많이 발견할 수 있었다. 가장 중요한 것은 그들이 인식하는 치료사와 환자 사이에 있는 힘의 불균형이다.

　치료를 받으러 오는 환자는 대부분 감정 상태가 좋지 않으며 종종 우울하고 자신의 문제를 해결하기 위해 이미 여러 방법을 써본 터라 깊은 무력감을 느낀다. 이런 환자의 자존감은 매우 낮거나 아예 와르르 무너져 있다. 환자는 이런 유형의 문제를 해결하는 전문가로서 책을 냈거나 학술적 타이틀을 가진 사람을 만나게 된다. 이때 환자의 눈에는 치료사가 거의 슈퍼맨이나 다름없어 보인다.

　환자는 치료사의 지식에 의존하고 도움을 바라기 때문에 치료사가 원하는 것에 순응하려고 노력한다. 결과적으로 치료사의 권한은 거의 무제한이 되고 이런 권력 관계는 중독으로 이어질 수 있다. 치료사는 환자를 어떻게 치료할지 계획이나 아이디어도 없이 몇 년에 걸쳐 다음 진료 날짜를 잡는데도 환자는 목표, 즉 카타르시스, 정신의 정화를 향해 잘 가고 있기에 모든 것이 달라질 것이라고 확신한다. 환자는 효과가 없을 수도 있다는 생각을 잘 하지 않는다. 안타깝게도 경험 많은 정신분석학자 제프리 매슨Jeffrey Masson의 말처럼 치료사의 관점에서는 완전히 다르게 보일 수 있다.

분석 중인 환자 뒤에 앉아 있다 보면 내가 도와줄 수 없다는 사실을 통렬하고도 고통스럽게 깨닫는 경우가 많았다. 실제로 연민을 느낀 적도 여러 번 있었다. 그러나 때로는 지루함, 흥미 없음, 짜증, 무력감, 혼란, 무지함, 상실감도 느꼈다. 때로 나는 진심에서 우러난 도움을 줄 수 없었지만 이런 사실을 환자에게 인정하는 경우는 거의 없었다. 내 인생은 환자의 인생보다 더 나을 것이 없었다. 내가 해주어야 했던 조언은 박식한 친구가 해 주는 조언보다 더 나을 것이 없다. 나만 그렇게 느끼는 건 아니라고 생각한다. 그 상황에서 내가 경험한 모든 것을 다른 치료사도 똑같이 느꼈을 것이다.[16]

담뱃갑에서 무심코 담배를 꺼낼 때 우리는 충격적인 사진이나 경고 문구에 눈을 번쩍 뜨게 된다. 술을 사고서 라벨을 살펴볼 때도 마찬가지이다. 고통받는 환자들은 심리 치료사의 상담실 문턱을 넘어 그 공간으로 들어설 때 그 단 몇 걸음의 움직임이 향후 어떤 결과를 초래할지 아무도 경고해 주지 않는다는 점을 반복해서 지적했다. 그리고 그것은 심리 치료가 초래할 가능한 부정적인 결과에만 한정된 것은 아니었다. 요점은 영화에서 볼 수 있듯 경찰이 범죄자를 체포할 때 범죄자의 모든 말이 법정에서 불리하게 작용할 수 있다고 고지할 때처럼 그 단 몇걸음의 움직임이 환자에게 불리하게 작용할 수 있다는 것이다.

모든 인간 활동과 마찬가지로 심리 치료에서도 무언가 잘못될 수 있다. 환자는 의도치 않게 또는 고의로 상처를 받을 수 있다. 그러나 환자가 자신의 권리를 주장하려고 들면 거의 항상 신경증 환자로 취급받기 일쑤다. 내가 인터뷰한 환자 중 일부는 치료사협회와 윤리위원회뿐만 아니라 검찰과 법원에도 불만을 제기했다. 내가 아는 모든 사례에서 이 환자들의 주장은 정신 질환 환자가 쏟아내는 이야기로 간주되어 신뢰를 얻지 못했다. 그들이 정신 질환을 앓고 있는지 어떻게 알 수 있을까? 그렇지 않았다면 치료를 받으러 오지 않았을 테니까!

물론 대부분의 환자는 고통을 겪고 있기 때문에 치료를 받으러 오지만 개중에는 단 한 번 무심코 치료실의 문턱을 넘었다가 치료사와 갈등이 생겨 정신적 불안을 겪는 경우도 있다. 너무 잔인한 함정 아닌가? 치료사는 불만을 품은 환자에 관해 말하기를 거부하는데 그 때문에 나는 이런 문제가 존재한다는 사실을 확신할 수 있었다. 치료사는 환자가 토로하는 불만이 정신이 불안정한 사람의 입에서 나오는 말이기 때문에 신뢰할 수 없다고 본다. 이 점에서 나는 소설가 가브리엘 가르시아 마르케스Gabriel Garcia Marquez의 소설집《이방의 순례자들 Strange Pilgrims》에 수록된, 정말로 전화를 걸려고 왔는데 전화 강박에 빠진 환자로 몰아가는 소름 돋는 단편 소설 〈단지 전화를 걸려고 왔는데〉가 떠오른다.[17]

책임의 비대칭성

치료와 종교 사이에 있는 놀라운 유사성을 발견한 환자

들의 말에 주목해 보자. 그들의 의견에 따르면 종교가 더 나은 삶(죄 없는 삶, 신성함 등)을 위해 고행하는 형태로 우리에게 이상을 제시하는 것처럼 심리 치료도 우리 자신의 더 나은 상을 위해 노력해야 할 목표를 준다. 우리는 바로 이 목표를 얻고자 분투하며 곧 다가올, 그러나 결코 쉽게는 오지 않는 돌파구를 찾기를 희망한다. 그 희망에 더 많은 힘을 쏟을수록 우리가 신기루를 좇고 있다는 믿음을 버리기는 더 어려워진다.

심리 치료사는 권위를 통해 사제와 같은 역할을 맡아 우리에게 좋고 나쁜 것, 우리가 따라야 할 길을 결정한다. 일부 치료 학파의 독단적이고 근거 없는 가정은 신앙에 내재된 종교적 진리를 대체한다. 숭배의 대상은 자아 실현, 자기 계발, 자기 충족, 지금 여기에 머무르기, 일과 삶의 균형, 기타 유행하는 우상들이다. 환자의 이런 경험에서 나온 비전문가적 생각이 종교와 심리 치료의 유사성을 꼬집는 비평가의 생각과 일치하는 것은 흥미롭다.[18]

심리 치료가 치료사와 환자 관계에서 불균형적인 권력 관계를 만든다고 해서 심리 치료가 남용된다는 뜻은 아니다. 또한 치료실의 문턱을 넘음으로써 우리가 스스로를 정신이 불안정한 사람으로 규정할 위험이 있지만 이 사실이 반드시 우리에게 불리하게 작용할 것이라는 뜻은 아니다. 마찬가지로 심리 치료사의 면책 특권이 널리 퍼져 있다고 해서 이 영역에 만연한 법적 질서(또는 오히려 법적 질서의 부재)가 어떻게든 환자에게 적용된다는 뜻은 아니다. 그러나 코끼리의 본질을 온전히 파악하려면 상아를 봐야 하는 것처럼 심리 치료사의 이런 점들에 유의할 필요는 있다.

어떤 자료에서는 치료사가 책임을 다투는 소송에서 승소할 가능성이 최대 80%나 된다고 추정하지만 치료사에게 면책 특권이 있다는 사실을 확인하려고 판례를 분석할 필요는 없다.[19] 이는 아주 간단한 실험을 통해 확인할 수 있다. 치료의 결과로 환자가 자살을 시도했다거나 또는 알코올 중독에 빠졌다고 공개적으로 알리는 것으로 충분하다. 그러면 치료사와 그 지지자들은 심리 치료와 이러한 음울한 결과 사이에 관계를 증명하는 것은 불가능하다고 끈질기게 설득할 것이다. 그리고 그들의 말은 먹힐 것이다. 치료사가 치료 중에 범죄를 저지르지 않는 한 치료실 밖에서 환자에게 일어나는 일에 대해 치료사에게 책임을 물을 가능성은 없다.[20] 나는 환자가 처한 불리한 상황에서 전문가의 책임을 입증하려는 시도가 많다는 사실은 알고 있지만 실제로 책임을 입증해 낸 사건이 있는지는 알지 못한다. 환자에게 저지른 잘못에 대해 치료사가 받을 수 있는 가장 심각한 처벌은 소속된 협회에서 제명되거나 견책 처분을 받는 것이다. 사실 이러한 처벌조차도 매우 드물게 적용되며 의미 있는 결과를 만들지 못한다. 미국심리학회에 따르면 심리학자의 약 2%만이 의료 과실 소송을 당한다고 한다.[21] 이는 치료사의 98%가 신뢰를 받거나 혹은 과실 있는 치료사 중 상당수가 법의 심판을 받지 않거나 둘 중 하나를 뜻할 것이다. 의료 과실 소송이 제기된 후에도 치료사는 대개 자유롭게 자기 일을 할 수 있다.

심리 치료에 대해 더 자세히 알아보고 싶다면 위에서 설명한 것과 유사한 실험을 수행해 보라. 그 대신에 이번에는 환자의 삶에 긍정적인 변화가 있었다고 공개적으로 알리는 것이다. 예를 들어 중독에서 해방되거나 우울증이나 자살 충동을 극복하는 등의 변화가 있었다고 말이다. 이런 결과를 놓고 부정적인 영향 사례에서처럼 격렬하게 항의를 하는 사람이 있을까? 그렇지 않다면 이렇게 현저한 책임의 비대칭성을 유발하는 메커니즘이 무엇인지 생각해 볼 가치가 있지 않을까?

치료가 '잘못된' 환자들의 이야기에는 대중이 보는 심리 치료라는 그림에서는 드러나지 않은 통찰이 가득하다. 몇 권의 책으로 엮어도 부족할 만큼 많은 이야기가 있지만 우리가 기억해야만 하는 게 있다. 이들의 이야기도 시각장애인들이 각자 내는 시끄러운 목소리 중 하나와 같다는 점이다. 그럼에도 우리는 이러한 목소리에 귀를 기울이며 코끼리에 대한 자신의 비전을 다른 사람들에게 설득함으로써 어떤 혜택이 누구에게 주어지는지 주의 깊게 따져봐야 할 것이다.

한 가지 사실을 더 상기할 필요가 있다. 2012년, 세계에서 가장 크고 영향력 있는 심리학자의 협회로 약 12만 명의 심리학자가 소속된 미국심리학회에서 투표를 통해 심리 치료는 효과가 있으며 비용 효율성도 높아 의료 서비스에 포함되어야 한다는 결의안을 채택했다.[22] 현재 전 세계 대부분의 심리치료사협회에서 이 결의안을 인용하고 있다. 이 결의안을 만든 사람 중에는 저명한 심리 치료사와 과학자도 있었는데 아무리 순화해 표현해도 이런 행태는 오만하기 짝이 없다.

17

상식이 작동하지 않는
기괴한 심리 치료[1]

최근 인기를 얻고 있는 근거 기반 치료는
경험적 데이터에 토대를 두고 있다. 안타깝게도 이러한 토대가
상식적으로 보이지 않는 경우가 많다.

1847년 미국 특허청은 선풍기가 달린 흔들의자라는 발명품에 특허 번호 5231호를 부여했다.[2] 발명가는 거대한 팔걸이가 달린 흔한 흔들의자를 단단한 바닥에 놓고 레버와 기어로 이루어진 복잡한 메커니즘을 통해 흔들거리는 의자의 에너지로 앉은 사람의 머리 위에 달린 선풍기를 돌렸다. 이 인상적인 발명품 덕분에 부채질하는 수고에서 완전히 해방될 수 있음에도 어떤 이유에서인지 쓸모없다는 평가를 받았다. 아마도 고객에게는 부채질이 크게 수고로운 일이 아니었거나 고작 선풍

5부 치료 문화의 허상 까발리기

기 팬을 돌리는 것뿐인데 발명품이 터무니없이 복잡하다고 생각했을 수 있다. 선풍기가 달린 흔들의자가 가정의 필수품이 되지 않은 게 실로 다행일 지경이다.

괴상한 발명품은 많다. 키가 작은 사람이 높은 곳을 볼 수 있게 해 주는 환상적인 잠망경, 뛰어난 기술을 가진 파나소닉의, 24개 손가락으로 머리를 감겨주는 로봇을 떠올려 보라.[3,4] 우리를 이런 기이한 장치에 빠지지 않게 하는 건 상식이다. 하지만 우리가 항상 상식의 덕을 볼 수 있는 것은 아닌데 괴상해 보이지 않을 때가 문제이다.

수백 년 동안 우리는 사혈(피를 뽑는 시술)이 효과가 있다고 믿었다. 뇌엽절제술이 비인간적이며 잔인하다는 것을 깨닫기 전까지 우리는 수만 명의 뇌 일부를 절단했다. 오늘날에도 우리는 18세기와 19세기의 전환기에 발명된, 아무리 희석해도 물질의 '기억'을 유지한다는 동종 요법 약을 사려고 약국에다 막대한 돈을 쓰고 있다. 또한 우리는 치유력이 있다고 믿는 물질에 중독되기도 한다.[5]

상식과 건강한 정신?

상식을 활용하기가 훨씬 더 어려운 영역은 우리 정신이다. 우리의 이성을 지배하는 것처럼 보이는 감정, 우리를 굴복시키는 이해할 수 없는 충동, 놀라운 마음의 특성은 여전히 정신을 신비롭고 불가해한 영역으로 만든다. 스스로를 이해하려고 노력할 때 우리는 특히 암시적인 이야기에 쉽게 굴복하고, 선풍기로 얼굴을 식히려고 의자를 흔들어 대는 것과 별반 다르지 않은 쓸모없는 행동을 하기도 한다. 이 책에서 여러 번 언급했듯이 오늘날 시중에는 600가지가 넘는 다양한 심리 치료 방식이 있는데 이런 방식들은 정신에 대한 이해와 정신 질환 및 장애를 치료하는 서로 다른 방법을 제시하는 경우가 많다.[6] 또 이런 방식 중 다수가 목표는 단순하지만 그 시스템은 매우 복잡하다. 그러니까 마치 마이크로프로세서가 통제하는 복잡한 24개의 로봇 손가락이 하는 일이라곤 그저 머리를 감겨주는 것과 같다.

정신 건강 및 전통적인 심리 치료 분야의 부조리는 단순하지만 관습에 얽매이지 않은 행동과 그것이 가져오는 치료 효과라는 프리즘을 통해 볼 수 있다. 흥미로운 예는 정신 질환 치료에 세계적 혁명을 일으키고 있는 인도 정신과 의사 비크람 파텔Vikram Patel의 치료이다. 인도의 가난한 지역 출신인 파텔은 처음 2년 동안 짐바브웨에서 근무했는데 짐바브웨 전체에는 정신과 의사가 10명에 불과했고 소수의 부유층 환자만 치료했다. 당시 아프가니스탄, 르완다, 차드, 에리트레아, 라이베리아에서 근무하는 정신과 의사는 한두 명에 불과했다.[7] 서유럽 국가에서도 인구의 절반만이 전문적인 정신 건강 서비스를 이용할 수 있는 것으로 추정된다. 한편 우울증과 기타 정신 질환은 부유한 사회에만 존재한다는 믿음과 달리 전 세계의 가장 가난한 지역에서 정신 건강 문제를 겪는 환자의 수는 압도적으로 많고 지금도 마찬가지이다.

5부 치료 문화의 허상 까발리기

파텔은 골리앗의 힘에 용감하게 맞선 다윗처럼 이 상황을 바꾸기로 결심했다. 그의 논리는 선풍기가 달린 흔들의자 발명가의 논리와는 완전히 달랐다. 그는 무자격자도 할 수 있는 간단하고 효과적이며 저렴한 정신과적 방법이 있다면, 이를 찾아내어 일차 의료진과 사회복지사에게 가르쳐서 환자에게 도움을 줘야 한다고 생각했다. 이 겸손하고 눈에 띄지 않는 의사는 어린 시절에는 병약했지만 소매를 걷어붙이고 현장으로 나섰다.

그가 거둔 첫 번째 결실 중 하나는 교육을 받지 못한 사람을 위한 지침서로, 정신 건강 문제가 있는 사람을 돕는 간단한 방법을 설명하는 《정신과 의사가 없는 곳Where There Is No Psychiatrist》이라는 제목의 책이다.[8] 처음에는 세계 최빈국에서 사용되었고 현재는 여러 언어로 번역되어 전 세계 70여 개국에 무료로 제공되고 있다.

파텔의 일은 책 발간에서 그치지 않았다. 그는 정신 질환자를 돕는 사람을 훈련하는 시스템과 방법론을 만들었다. 또 중요한 점은 파텔은 이러한 지원이 환자에게 정말 효과가 있는지 체계적인 연구를 수행했다는 것이다. 그의 연구는 학술지 《랜싯》을 포함한 저명한 의학 저널에 게재되어 몇 가지 분명한 결과를 도출해 냈다.[9] 첫째, 주변의 동료, 사회 보건 종사자, 비전문 상담사를 비롯한 비전문가도 필수적 기술을 갖추어 정신 건강 문제가 있는 사람들의 회복을 도울 수 있다는 것이다. 둘째, 이러한 개입의 방식은 비교적 간단하고 짧으며 일상적인 치료 환경에서 관리할 수 있다는 것이다. 마지막으로,

파텔의 방법은 전 세계에 보편적으로 적용 가능하며 해당 국가의 문화와도 상관없다는 것이다.

멸종 위기에 처한 심리 복합체

그러나 파텔의 연구는 전 세계적으로 인정을 받았지만 그만큼 많은 적을 불러오기도 했다. 왜냐하면 정신적 고통의 대체 불가능한 통치자이자 유일한 수혜자로서 이른바 심리 복합체라는 산업을 구성하는 사람들의 지위를 약화했기 때문이다. 일차 의료 종사자가 치료적 개입에서 자격을 갖춘 전문가와 동일하거나 훨씬 더 나은 결과를 얻을 수 있다는 사실이 밝혀졌을 때 심리 치료 기관의 전문가는 그다지 기뻐하지 않았다. 그러나 이것이 파텔의 행보를 멈추게 하지는 못했다. 그는 현재 캐나다와 미국의 동료들과 함께 사회 보건 종사자, 간호사 등 일선 현장에서 일하는 사람이 사용하는 간단한 기법 중심의 심리 치료법과 동일한 방법을 임상에서 사용한다. 파텔의 의견에 따르면 정신 건강 관리 시스템의 전체 구조를 개혁하는 일에는 엄청난 잠재력이 있는데 그러면 정신 건강 문제가 있는 사람이 병원, 클리닉, 전문 진료소가 아닌 자신의 집이나 일차 진료소에서 첫 진료를 받을 수 있기 때문이다. 또한 그런 환경에서는 환자에게 무의미한 진단을 적용해 약을 처방하고, 환자를 처방된 약을 복용하며 끝도 없이 자신의 감정을 분석하는 수동적 역할에 머물게 하는 대신에 시간이 많이 걸리지 않는 치료 방법을 사용하고 환자가 필요한 기술을 배우도록 도우며 환자 스스로 회복할 수 있는 시간과 공간을 제공하는 것을 목표로 한다.

파텔은 성명서에서 장기적인 정신분석이나 퇴행 치료와 같은 많은 정신과적 관행이 근거에 기반하지 않고 과학적 증거도 없다고 강조한다.

> 일반적으로 이러한 관행은 어딘가에서 어떤 과정을 이수한, 막대한 치료 비용을 청구하는 개업의들에게 이용된다. 내가 보기에 이런 개업의들은 정신 건강이 취약한 환자를 노리고 있으므로 이런 사기적 관행을 거부해야 마땅하다고 생각한다. 문제의 한 부분은 정신 건강 관리 시스템 자체가 모든 곳에서 너무 허술하여 과학적 근거가 없는 사기꾼이 발돋움할 수 있는 넓은 장을 제공한다는 것이다. 암을 치료하는 시스템에서는 이러한 사례를 찾기 힘들다. 이는 전 세계 대부분의 지역에서 근거 기반 정신 건강 관리가 얼마나 발전 수준이 낮은지를 보여준다.[10]

문외한의 놀라운 효율성

우리가 정신 건강을 다루는 방식이 선풍기가 달린 흔들의자와 유사한지 여부를 검증하는 데 도움이 되는 자료는 파텔의 활동과 그의 논문만이 아니다. 수십 년 동안 우리는 훨씬 더 간단하고 저렴한 치료법이 업계의 치료법과 비슷하거나 심지어 더 나은 결과를 가져온다는 사실을 입증하는 자료를 확보했다. 그 첫 번째 비교 연구에서 상식과 선의는 있으나 지식은 그다지 많지 않은 일반인이 가질 수 없는, 정신 건강을 치료하는 독특한 기술을 전문 치료사 역시 갖고 있지 않다는 사실이 밝혀져 치료사들을 충격에 빠트렸다.[11] 메타 분석에서도 비슷한 결과가 나타났는데 경험 많은 치료사와 경험 없는 치료사 간에 치료 효과에 큰 차이가 없는 것으로 나타났다.[12] 또 다른 메타 분석에 따르면 전문가, 비전문가, 심리학을 전공하는 학생 모두 아동과 청소년을 치료하는 동안 비슷한 효과를 거둔 것으로 드러났다.[13] 후속 연구에서 나타난 결과는 전문 치료사에게 더 나쁜 소식을 가져다 주었다. 치료사의 경험과 교육 및 치료 결과 사이에는 아무런 관계도 없었으며 어떤 경우에는 환자에게 아마추어 치료사가 전문가보다 더 전문가처럼 인식되기도 했다.[14]

여러 연구가 전문 치료사에게 그다지 호의적이지 않은 것을 보면 아마추어와 준전문가(예를 들면 훈련받은 자원 봉사 치료사) 그리고 전문가의 치료 능력을 비교하는 모든 선행 연구를 검토한 1995년의 연구 결과는 충격일 것이다.[15] 훈련이나 지도를 받지 않은 아마추어도 전문가와 동등한 수준으로 환자의 행동을 원하는 방향으로 유도할 수 있는 것으로 나타났다. 많은 연구에 따르면 준전문가가 전문가보다 치료에서 더 나은 결과를 얻었다. 비슷한 연구는 더 있으며 대부분 결론도 같다. 때로 이런 연구 결과가 치료사 집단에 파란을 일으키지만 대개는 훈련 프로그램을 더 신중히 분석하고 개선하는 방향으로 이어지는 대신 애꿎은 연구 방법론만 따질 때가 많다. 지극히 자연스러운 일이기는 하지만 전혀 건설적이지 않은 반응이다.

　여기에 제시된 결과가 과거의 일일 뿐이라고 생각하면 오산이다. 2019년 우울증으로 심리 치료를 받은 환자들의 생물학적 표지 변화를 최초로 체계적으로 메타 분석한 연구에 따르면, 일반적인 믿음과는 달리 심리 치료는 환자의 우울증과 관계된 생물학적 표지에 거의 또는 전혀 영향을 미치지 않는 것으로 나타났다.[16] 6장에서 더 구체적으로 설명한 바와 같이 지난 50년 동안 수행된 1125개의 연구를 메타 분석하여 자해자 및 자살 가능성이 있는 사람을 돕는 다양한 방법의 효과를 조사한 결과, 실험된 모든 방법의 효과가 매우 낮고 개입 후에도 그 효과가 오래 지속되지 않는 것으로 나타났다. 또한 심리 치료의 여러 방법 간에도 큰 차이가 없었다. 예를 들어 장기적이고 비용이 많이 드는 정신분석 심리 치료는 즉각적이고 돈도 안 드는 친구의 조언만큼이나 효과가 없었다. 가장 놀라운 사실은 오늘날 사용되는 이러한 치료 방법의 효과는 50년 전과 똑같이 낮다는 사실이다. 반세기에 걸쳐 연구가 이루어지고 방법이 개선되었음에도 불구하고 그 효과에서는 한 걸음도 나아가지 못했다.[17]

　그렇다면 간단하고 효과적이며 저렴한 해결책을 손쉽게 구할 수 있음에도 불구하고 왜 우리는 기괴한 발명품 같은 복잡한 방법을 계속 개발하고 있는 것일까? 첫 번째 이유는 파텔이 지적한 바와 같이 기괴한 방식과 그것을 만드는 과정에서 물질적 이익을 얻어 사회적 지위 상승을 누리는 사람이 있기 때문이다. 그러나 그에 못지않게 중요한 이유는 정작 이런 서비스를 받는 우리 모두가 지닌 상식에 대한 믿음인데 바로 그 상식이 시장에서 보이지 않는 손이 되어 우리에게 불리한 제안을 효과적으로 제거할 수 있다는 확신이다. 그러나 우리는 고양이를 자동으로 쓰다듬어 주는 괴상한 전자 기기는 사지 않지만 우리에게 제공되는 심리 치료의 부조리함은 보지 못한다. 그에 대한 답은 냉혹하게 들리겠지만 한 마디로 우리에게 충분한 데이터와 지식이 없기 때문이다. 어린 시절의 경험이 성인이 되었을 때 겪는 많은 문제를 유발한다는 믿음은 설득력 있게 들릴지 모르지만 연구 결과에 비추어 볼 때 이는 마치 키 작은 사람이 높은 곳을 볼 수 있도록 잠망경을 쓰게 하는 것보다 더 터무니없는 주장이다. 미생물을 분석하거나 백신의 효과를 평가할 때 상식만으로는 충분하지 않은 것처럼 이 문제도 상식만으로 충분하지 않다.

유리한 증거만 선별하기

최근 인기를 얻고 있는 근거 기반 치료는 경험적 데이터에 토대를 두고 있다. 하지만 안타깝게도 이러한 토대는 상식적으로 보이지 않는 경우가 많다. 설상가상으로 근거 기반 치료의 인기로 인해 근거 기반 치료를 모방한 접근 방식이 생겨났다. 심리 치료도 예외는 아니다. 이 책의 앞부분에 썼듯이 심리 치료 옹호자는 마케팅에 사용할 강력한 증거를 수집할 때 대부분 심리 치료에 부정적인 연구를 무시하는 경우가 많다.[18] 또 심리 치료사는 종종 이해 충돌을 밝혀야 할 의무를 무시한다.[19] 세부적 분석에 따르면 치료 효과를 광고할 때 인용하는 연구 중 극히 일부만 가치가 있는 것으로 나타났다.[20] 그렇지만 심리 치료로 돈을 버는 전문가 집단은 심리 치료의 효능 문제에서는 거의 예외 없이 효능이 있다고 엄숙하게 선언한다.[21]

앞서 언급한 흔들의자와 기타 기괴한 발명품은 실제로 작동한다. 이는 영구 기관 같은 사기가 아니며 특정 기능이 부족하다고 할 수도 없다. 마찬가지로 많은 치료 학파 역시 어떤 종류의 효과가 부족하다는 사실로 비난할 수는 없다. 그러나 한번 이런 비유를 생각해 보자. 가령 A라는 도시의 자동차 정비사가 배기통을 통해 엔진 밸브를 조정할 경우, 할 수 없는 건 아니지만 기간이 2주 정도 걸리고 비용도 꽤 많이 든다고 하자. 우리는 품질 점검을 통해 이 서비스가 제대로 수행됐는지 확인할 수 있다. 연구를 통해 다양한 심리 치료 접근법이 효과가 있는지 없는지 알아볼 수 있는 것처럼 말이다. 그러나 이웃한 B 마을의 정비사가 실린더 헤드 커버를 풀고 밸브를 조정하는 데 드는 시간이 30분이고 비용은 A 마을의 정비사가 요구하는 금액의 10분의 1에 불과하다면, 고객에게 비용이 많이 드는 배기통 밸브 조절이 더 우월하다고 설득하는 것은 상식적으로 정당화될 수 없다.

그러나 선풍기가 달린 흔들의자에 앉거나 배기통을 통해

자동차 엔진을 정비하는 등의 일은 무해한 기발함이나 약간의 재미로 넘길 수 있다. 내 돈 내고 내가 산 물건이고 별다른 일이 일어나지 않겠지만 기괴한 심리 요법이 미치는 영향은 항상 무해하지 않다. 심리 치료의 부정적인 영향에 대한 몇 가지 연구에 따르면 최소 10%의 환자가 부작용을 경험하며 5%는 이를 영구적인 부작용으로 겪는다.[22,23] 가장 흔한 부작용은 환자의 상태가 안 좋아지고 증상이 악화되는 것이다.[24] 또한 신경증 증가, 만성 스트레스 및 우울증 증가, 자존감 및 성실성 감소와 같은 부정적인 성격 변화도 생길 수 있다.[25] 심리 치료의 결과로 알코올 및 기타 향정신성 물질의 소비가 증가하고 무력감이 심해지기도 한다.[26] 또한 가족 및 사회 환경의 일원으로서 필요한 기능이 저하될 수 있으며 극단적인 경우 심리 치료가 자살로 이어질 수도 있다.[27,28] 어린이에게 행해지는 일부 심리 치료는 치명적일 수 있다.[29] 흥미롭게도 많은 심리 치료사는 그러한 결과의 발생 가능성을 인식하지 못하며 환자에게 그러한 결과에 대해 알리지도 않는다. 심리 치료는 대화일 뿐이라고 확신하면서 환자에게 이러한 사실을 알리지 않는데, 어떻게 대화가 해로울 수 있겠냐는 것이다.[30]

도처에 널리 퍼진 치료 문화는 그 지위가 한층 격상되어 우리 사회에서 자기 행동에 대한 합리적 판단을 못하게 하는, 종교인이 누릴법한 위치에 다다라 있다. 하지만 여러분이라면 채식에 관한 도축업자의 견해를 진지하게 받아들이겠는가? 전기 자동차에 대한 주유소 주인의 의견에 공감하겠는가? 이런 상황은 너무나 터무니없기 때문에 주유소 주인이 전기 자동차의 장단점을 토론할 때 스스로 느낄 것처럼 도축업자는 자신이 영양학계의 권위자 역할을 맡아야 한다는 생각을 하지 않을 것이다. 우리는 자동차의 기술적 장점을 설명하는 자동차 영업사원을 그다지 믿지 않는다. 우리는 약을 판매하려는 제약회사는 일단 의심부터 하고 본다. 그렇기에 제조업체와 판매자가 실제로 그들이 말하는 대로 제대로 생산하고 판매하고 있는지 확인하기 위해 다양한 유형의 상업적 검사, 소비자 권리 담당 공무원, 의약품 등록 사무소 및 기타 여러 기관이 생긴 것이다.

매수자 위험 부담 원칙!
구매자는 스스로 주의하세요!

거의 모든 구매자와 판매자가 이해하는, 고대부터 널리 받아들여진 이 원칙은 수 세기 동안 우리의 경제 관계를 지배해 왔다. 이 원칙에 따르면 우리는 무언가를 파는 사람을 일단 불신한다. 그리고 판매자는 우리 구매자의 신뢰를 얻기 위해 수고를 아끼지 않는다. 그럼에도 우리는 일부 소매업체와 서비스 제공업체에 대해서 이 원칙을 광범위하게 양보해 준다. 그 양보의 대표적 사례가 심리 복합체를 이루는 전문가들인 것이다.

그들은 우리의 정신 건강에 관해 '만약'과 '무엇'을, 어떻게, 얼마나 오랫동안 치료해야 하는지 말해주는 사람들이다.

그들은 잡지, 주간지, 일간지의 표지와 내부 페이지를 가득 채우고 있다. 라디오 방송에서 들리는 그들의 부드럽고 따뜻한 목소리는 '해결되지 않은' 어린 시절의 트라우마를 말하며 우리를 두렵게 한다. 그들은 걱정 가득한 얼굴로 텔레비전 화면에 나타나 일 중독자, 미루는 습관이 있는 사람, 성적으로 지나치게 활동적인 사람, 성적으로 불감증인 사람에게 무언가 잘못되었다는 불안감을 불러일으키면서 동시에 도움의 손길을 내밀고 해결책을 제시한다. 그뿐만이 아니다. 우리는 치료사, 즉 그러한 상업적 서비스의 제공자가 아니라면 그들에 대해 언급조차 할 수 없도록 설득당하고 있다. 그들은 상업적으로뿐만 아니라 사회적, 문화적으로도 크게 성공했다. 불행히도 심리 치료는 치료를 판매하는 치료사 서로끼리는 잘도 굽신대면서 환자를 그렇게 대하지는 않는다.

우리는 치료 문화가 만개한 시대에 살고 있다. 많은 사람이 치료 문화를 높이 평가하지만 그 반대에는 치료 문화의 억압적 성격에 대해 경고하는 사람도 있다. 우리가 어느 쪽에 속하든 살면서 한 번 이상은 이 문화에 참여하라는 초대를 받게 될 것이다. 이러한 초대를 수락하고 심리 치료사가 권하는 수백 개의 기괴한 안락의자에 앉거나 이색적인 치료용 소파에 누울 때 우리는 스스로에게 물어볼 필요가 있다. 이 의자와 소파는 실제로는 무슨 목적으로 만들어졌을까? 우리는 어쩌면 기괴하거나 이색적인 소파 대신 편히 앉아서 대화를 나눌 만할 평범하고 단순한 의자가 필요한 건 아닐까? 결국 여기서 한 가지 확실한 사실은 그들이 우리에게 어떤 이점을 가져다

주든, 그런 의자를 만든 디자이너는 우리 선택을 통해 분명히 이득을 보게 될 것이라는 점이다.

18

심리 치료,
안 하는 것보다 하는 것이 나을까?[1]

나는 어떤 집에 들어가든 병자를 돕기 위해 들어갈 것이며
고의적인 모든 잘못과 해악을 삼가겠습니다.

히포크라테스 선서

우선적으로 '해를 가하지 말라primum non nocere'라는 원칙은 적어도 의료 개입에 관한 한 모든 인류 문명에서 무조건적으로 받아들이는 원칙이다. 의대생은 첫 수업부터 이 원칙을 머릿속에 박아둔다. 이 원칙은 너무나 보편적이라 히포크라테스 선서의 일부라고 알지만 사실은 히포크라테스 선서에 처음 나온 것은 아니며 나아가 히포크라테스가 만든 것인지도 의문스럽다.[2]

이 원칙을 좀 더 면밀하게 들여다보면 준수하기 어려울

만큼 비인간적일 뿐 아니라 어떤 의미에서는 잔인하기까지 한 면이 드러난다. 의사나 물리 치료사, 간호사는 고통받고 도움이 필요한 사람을 늘 마주한다. 그러나 의료진은 도움을 주기에 앞서 모든 주변 상황과 전문 지식을 고려하여 해를 가하지 않을 수 있다고 먼저 확신할 필요가 있다. 그런데 만약 그들이 주저한다면? 완전히 확신하지 못한다면? 그렇다면 개입을 자제해야 할까? 답은 '그렇다'이다. 원칙은 분명하다. 도움이 되지만 때로 더 큰 위험을 초래할 수 있는 처치를 하기보다는 해를 끼치지 않는 것이 우선순위가 된다. 따라서 '해를 가하지 말라'라는 원칙은 고통받는 사람에게 도움을 주는 것을 자제해야 한다는 뜻이다. 이는 섣부르고 불확실한 행동보다는 행동하지 않는 것이 낫다는 말이다.

그러나 의료 관행을 자세히 살펴보면 이 중요한 원칙은 정반대 입장에 선, '불확실한 치료가 전혀 치료하지 않는 것보다 낫다'라는 원칙으로 대체되고 있다. 돌봄을 제공하는 사람은 아무것도 하지 않는 것보다는 무엇이든 하는 편을 선호한다. 더군다나 그 무언가가 고통에서 벗어날 수 있게 해준다면? 무엇이든 해보자는 쪽을 따르는 사람의 근본적인 동기는 다양하다. 순수한 동정심에서 그럴 수도 있고 또는 환자가 주는 압박으로 그럴 수도 있다. 주위 환경이나 환자 가족의 요구, 심지어 상사에게 강요를 받아 떠밀려 할 수도 있다. 때때로 행동을 자제하면서 느끼는 무력감이 싫어서, 자신의 역량과 직업적 가치를 확인하려는 욕구에서 행동에 나서기도 한다. 이따금 경제적 이유에서 동기를 얻기도 한다. 어쨌든 환자는 그저 어깨를 으쓱이며 쓸 만한 방법이 없다고 말하는 사람보다는 뭐라도 해 주는, 약을 처방하고 의료적 처치를 해 주는 의사나 치료사에게 돌아가는 편을 선호한다. 따라서 '해를 가하지 말라'는 원칙은 아무것도 할 수 없다는 말이다.

'불확실한 치료가 전혀 치료하지 않는 것보다 낫다'는 원칙을 따르는 것을 부정적으로 보는 것은 단지 도덕적 절대주의의 표현에 불과하며 나도 동의하지 않는 바이다. 한편으로는 동기를, 또 다른 한편으로는 결과를 각각 고려하지 않고는 그러한 행위를 공정히 평가할 수 없다. 이는 의학 연구에서 광범위하게 사용되는 위험과 이득의 비율로 표현된다. 아주 작은 위험이라도 마주치면 곧 행동을 멈추는 대신에 공리주의의 원칙을 묵묵히 받아들이면서 환자가 받을 수 있는 잠재적 이익과 위해의 관계를 숙고하는 것이다.

심리 치료에서 '해를 가하지 말라'는 원칙

그러나 의학, 특히 심리 치료의 관행을 관찰할 때 나는 의학 및 심리 치료 서비스를 제공하는 많은 사람이 '해를 가하지 말라'라는 원칙이 있다는 사실을 그저 잊어버렸고 위험과 이익의 비율을 합리적으로 계산해 결정을 내리는 것 같지 않다는 생각이 든다. 효과 없는 치료법이라 해도 그것을 쓰는 것이 과연 이 원칙에 부합할까? 조심스럽지만 위약을 사용할 때와 비슷한 수준의 긍정적인 심리적 효과를 가져온다면 대답은

'그렇다'라고 할 수 있다. 이 조심스러운 대답에는 주의가 필요하다. 즉, 아무런 치료를 받지 않은 대조군 및 위약군과 비교하여 그 긍정적 효과를 측정했다는 조건을 완전히 충족할 때만 가능하다. 게다가 조건이 충족되었어도 환자가 처한 상황에서 더 나은 방법이 존재하지 않는다는 확고한 믿음도 있어야 한다. 실제 부적절한 치료를 받은 환자의 고통은 더욱 깊어질 수 있으며 치료가 성공적이었다고 굳게 믿는 환자는 더 유익한 방법을 찾지 않을 것이니 이는 나중에 불필요한 고통을 일으킬 수 있다.

효과 없는 치료라는 문제는 환자가 겪는 어려움의 관점에서 바라봐야 한다. 치료받을 시간을 내기 위해 다른 활동(가족, 사회, 직업에 관련된 활동)을 포기하는 것도 이런 어려움에 포함된다. 환자는 자신의 재정적 자원을 치료에 투입한다. 그것만으로도 이미 문제이다. 이러한 치료를 말기 질환 환자에게 제공하면 환자의 부담은 더욱 커진다. 말기 환자는 사랑하는 사람들과 함께 마지막 날을 보내며 삶에 의미를 부여하는 시간을 보내는 대신, 효과 없는 치료라는 공허한 의식에 참여하게 된다. 따라서 나는 효과 없는 치료는 환자에게 해를 끼치는 것과 같다고 주장하며 심리 치료에서 이러한 현상이 얼마나 흔한지를 입증하고자 한다.

이 책의 앞부분에서 언급했듯이 2017년 그리스 야니나대학교의 에반겔로스 에반겔루와 연구진은 심리 치료의 효과에 관한 메타 분석이라는 이색 연구를 수행했다. 메타 분석은 여러 실험 연구에서 나온 결과를 한곳에 모으는 방법이라는 점을 염두에 두자. 그렇기에 메타 분석에는 대조군을 포함하며 참가자를 각 집단에 무작위로 배정하는 방식이 사용된, 가장 높은 수준의 방법론적 기준을 충족하는 연구만 포함된다. 에 반겔루 연구진은 247개의 메타 분석을 모아서 하나의 메타 분석 연구로 결합했다. 그 결과는 실로 놀라웠다. 대부분의 메타 분석이 의료 개입으로 심리 치료를 선호했지만 그중 단 7%만 이 심리 치료가 효과적이라는 설득력 있는 증거를 담고 있었다![3] 그렇다면 나머지 93%는 우리가 충직하게 지키는 '해를 가하지 말라'라는 기본 원칙을 보장하는 걸까?

이 책에서 이미 여러 차례 언급했듯이 현재 전 세계에서 시행되는 심리 치료 양식(접근법, 학파)은 600여 가지가 넘는 것으로 추정된다.[4] 일반 심리 치료사가 수백 가지의 치료법 중 하나를 선택할 때 그 치료법이 환자에게 최선의 선택이라고 확신할 수 있을까? 지금껏 내가 만난 치료사 중 어느 누구도 모든 치료법의 장점과 부작용을 신중히 고려하고 연구하고 기억하여 궁극적으로 치료에 적용할 수 있는 두뇌를 가지지 못했다는 점이 실로 유감이다. 그렇다면 새로운 치료법을 만드는 사람은 어떤가? 그들은 기존의 모든 치료법을 분석해 보니 심리 치료의 효과를 개선하기 위해 또 하나의 새로운 방식이 필요하다는 결론에 도달한 것일까? 만약 그렇다면 모든 새로운 치료법이 이전 치료법보다 낫다는 사실을 의미하며 오래된 치료법은 사라질 운명에 처할 것이다. 그러나 이런 일은 일어나지 않는다. 다양한 심리 치료 방식이 성행하고 있으며 그 수는 감소하기는커녕 오히려 증가하고 있다. 이런 상황에서 과연 '해를 가하지 말라'는 기본 원칙을 구현하는 것이 가능할까?

효과 없는 심리 개입이 너무 많기 때문에 그 피해는 고스란히 환자가 떠안게 되고 이 과정에서 치료사는 계속해서 이득을 보고 있다. 효과 없는 치료적 개입을 받은 환자는 일종의 '재활용'의 대상이 된다. 효과 없는 치료법에 실망한 환자는 다른 치료사를 찾고, 그 치료사에게서도 효과를 보지 못하면 또 다른 치료사가 효과를 입증할 수 있는 기회를 얻는다. 내가 살면서 만난 심리 치료 '기록 보유자' 중에는 25년 넘게 심리 치료를 받은 사람이 있었고 환자 한 명이 18명의 심리 치료사에게 연속적으로 치료를 받았다는 이야기를 들은 적도 있다. '해를 가하지 말라'라는 원칙이 작용하는지, 끊임없이 돌아가는 영구 운동의 원칙이 작용하는지 알 수 없다.

심리 치료가 병을 만들다

'해를 가하지 말라'라는 원칙과 관련된 문제는 우리 관점을 효과 없는 치료에서 치료가 일으키는 부정적인 영향으로 전환하면 더욱 두드러진다. 의학에서 이는 자명한 사실이면서 여전히 수치스러운, 의료 행위로 발생하는 장애나 질병을 뜻하는 의원성 질환이다. 미국에서만 치료 중 발생한 실수로 매년 23만에서 24만 8000명에 이르는 사망자가 나오고 있다.[5] 이 중 약 1만 2000명은 불필요한 외과적 개입으로, 2만

7000명은 병원의 실수로, 8만 명은 병원 감염으로, 약 10만 7000명은 약물 부작용으로 사망한다. 심리 치료에서는 어떨까? 사실, 심리 치료사와 연구자가 문제가 되는 환자의 수를 최대한 적게 드러나도록 최선을 다한 결과 심리 치료 분야는 상황이 훨씬 나아 보인다. 이 책의 앞부분에서 언급했듯이 2014년 발표된 한 논문에서 연구진은 2010년에 출판된 심리 치료 효과에 대한 모든 연구를 검토했다.[6] 연구진이 수집한 132건의 논문 중 치료적 개입의 부정적 영향을 통제했음을 시사하는 정보가 포함된 논문은 28건(21%)에 불과했다. 그중 4건(3%)만이 이러한 영향에 대한 설명과 데이터 수집 방법론을 포함하고 있었다. 5건은 부정적인 영향에 대한 설명이 포함되어 있었지만 그 측정 방법에 대한 정보는 없었다. 4건(3%)의 추가 보고서에서는 부정적 영향이 발생하지 않았다고 간략하게 언급했을 뿐이며 15건(11%)의 연구에서는 환자의 상태 저하 정보를 기록만 하거나 환자의 상태 저하를 모니터링했다는 사실만 언급했다. 나머지 104개 논문(79%)에는 심리 치료의 부정적인 영향을 모니터링한 정보가 없었다.

안타깝게도 이러한 결과는 특별한 것이 아니다. 코너 더건Conor Duggan과 연구진은 1995년부터 2013년까지 영국 국립보건연구원에서 확인된 82개의 심리 치료 절차를 분석했다. 대부분의 약물 치료에서 잠재적인 부정적 영향을 언급했지만 그중 어느 것도 심리 치료의 부정적인 영향에 대해서는 언급하지 않았다.[7]

미국 심리학자 역시 심리 치료의 부정적인 영향에 대한

지식이 없다. 2006년 로드아일랜드 인지행동치료센터의 찰스 보이스버트Charles Boisvert와 브라운대학교 의과대학의 데이비드 파우스트David Faust는 미국에서 개인 클리닉을 운영하는 181명의 심리학자와 미국심리학회 회원을 대상으로 설문 조사를 실시했다. 조사 대상의 28%는 심리 치료가 부정적 영향을 끼칠 수 있다는 사실을 알지 못했다.[8] 한편 다른 연구에서는 치료사가 심리 치료의 효과를 부정확하게 평가하는 경우가 많으며 긍정적인 결과가 나오지 않더라도 심리 치료가 효과적이라고 생각하는 것으로 나타났다. 이 논문의 저자가 경고했듯이 이는 효과 없는 치료가 계속될 위험을 수반하며 결과적으로 환자의 상태를 악화할 수 있다.[9] 이런 사실은 마이클 램버트Michael Lambert와 연구진이 40명의 임상의에게 550명의 환자를 대상으로 심리 치료가 끝났을 때 발생할 수 있는 부정적인 영향을 예측하도록 요청했던 연구에서 확인되었다. 일반적으로 부작용을 경험하는 환자의 비율이 약 8%라는 정보에도 불구하고 임상의들은 환자에게 부작용이 거의 발생하지 않을 것으로 예측했다. 임상의들은 환자의 상태가 악화될 가능성이 있는 사례를 단 세 가지 골라냈는데 한 사례에서만 이 예측이 정확히 맞았다. 그러나 임상의들은 치료 과정에서 상태가 악화된 다른 39명의 환자를 식별해 내지 못했다.[10]

　의학에서 의원성 문제는 체계적으로 연구되고 있고 문헌만 검색해도 다양한 책과 논문이 나온다. 그러나 심리 치료에서 의원성과 관련한 논문은 소수에 불과하고 대부분은 이론에 그친다. 이 주제를 통으로 다루는 영어로 된 책은 단 한 권도 찾지 못했다. 이 데이터를 보면 심리 치료에서 환자에게 미칠 위해를 고려하게 하는 '해를 가하지 말라'는 원칙은 젊은이들이 자주 하는 말로 대체되었다고 확신한다. "상관하지 마!"

윤리적 이정표

'불확실한 치료가 전혀 치료하지 않는 것보다 낫다'라는 원칙에 관한 유명한 공개 선언은 1891년 스위스의 정신과 의사 고틀리프 부르카르트Gottlieb Burckhard가 했던 선언으로, 그는 다음과 같이 말했다.

> 의사는 본질적으로 다르다. 한 부류는 '해를 가하지 않는다'라는 오래된 원칙을 고수한다. 또 다른 한 부류는 '아무것도 하지 않는 것보다는 무언가를 하는 것이 낫다'라는 원칙을 고수한다. 나는 확실히 두 번째 범주에 속한다.[11]

이는 동시대 사람들의 분노를 불러일으켰고 부르카르트의 경력은 조롱과 모욕 속에 끝이 나고 말았다. 그러나 그의 태도는 19세기 말과 20세기 전반, 특히 신경외과 의사 사이에서 많은 찬사를 받았다. 그들은 드러내 놓고 말하지는 않았지만 부르카르트의 조언을 따랐다. 그 증거가 수천 명의 환자에게 행한 뇌엽절제술 및 기타 우발적인 외과적 개입으로 희생된 사람들이다.

부르카르트의 선언 못지않게 유명한, 프랑스의 정신과 의사 아르망 세메레뉴Armand Semelaigne의 '치료를 받지 않는 것이 나쁜 치료를 받는 것보다 낫다'라는 선언은 '해를 가하지 말라'라는 원칙의 근본 의미를 보여준다.[12] 이러한 윤리적 교훈 사이에서 심리 치료의 근간은 어느 쪽에 있는 것일까? 아르망 세메레뉴가 제시한 단순한 길을 따르는 것일까? 아니면 부르카르트의 발자취를 따르고 있을까?

1부 현실의 장막 벗기기

1장 가짜 휴머니스트를 조심하라

1   이 글은《메리온 웨스트》2021년 5월 19일자에 먼저 실었고 허락을 받아 재수록한다. https://merionwest.com/2021/05/19/beware-of-false-humanists/

2   Theodore R. Sarbin, "The Relative Accuracy of Clinical and Statistical Predictions of Academic Success" (PhD diss., Ohio State University,Columbus, 1943)

3   Theodore R. Sarbin, "A Contribution to the Study of Actuarial and Individual Methods of Prediction," *American Journal of Sociology* 48, no. 5 (1943): 593–602, http://www.jstor.org/stable/2769183.

4   Paul E. Meehl, *Clinical versus Statistical Prediction: A Theoretical Analysis and a Review of the Evidence* (Minneapolis: University of Minnesota Press, 1954).

5   Robyn M. Dawes, David Faust, and Paul E. Meehl, "Clinical versus Actuarial Judgment," *Science* 243, (1989): 1668–1674; William M. Grove et al., "Clinical versus Mechanical Prediction: A Meta-Analysis," *Psychological Assessment* 12, (2000): 19–30; William. M. Grove, and Paul E. Meehl, "Comparative Efficiency of Informal (Subjective, Impressionistic) and Formal (Mechanical, Algorithmic) Prediction Procedures: The Clinical–Statistical Con-

troversy," *Psychology, Public Policy, And Law* 2, (1996): 293–323; William M. Grove et al., "Clinical versus Mechanical Prediction: A Meta-Analysis," 12, (2000): 19–30; Stefania Aegisdottir et al., "The Meta-Analysis of Clinical Judgment Project: Fifty-Six Years of Accumulated Research on Clinical Versus Statistical Prediction," *Counseling Psychologist* 34, (2006): 341–382.

6   Elizabeth Zimmermann, "Mayo Clinic Researchers Demonstrate Value of Second Opinions," last modified April 4, 2017, https:// newsnetwork.mayoclinic.org/discussion/mayo-clinic-researchers-demonstrate-value-of-second-opinions/.

7   Barbara Starfield, "US Health Really the Best in the World?" JAMA 284, no. 4 (July 2000): 483–485, doi: 10.1001/jama.284.4.483

8   Alex J. Mitchell, Amol Vaze, and Sanjay Rao, "Clinical Diagnosis of Depression in Primary Care: A Meta-Analysis," *The Lancet* 374, no. 9690 (August 2009): 609–19, doi:10.1016/S0140-6736(09) 60879-5

9   Donald Meichenbaum, and Scott O. Lilienfeld, "How to Spot Hype in the Field of Psychotherapy: A 19-item Checklist," *Professional Psychology Research and Practice* 49, no. 1 (February 2018): 22–30, doi:10.1037/pro0000172

2장 닭장 속 관점에서 벗어나라

1   Edward Evans, *The Criminal Prosecution and Capital Punishment of Animals* (London: William Heinemann 1906), https://www. gutenberg.org/files/43286/43286-h/43286-h.htm.

2   "Brown Bear Released from 15-Year Prison Life in a Human Jail, to Live in Zoo Now," News 18, last modified November 18, 2019, https://www.news18.com/news/buzz/brown-bear-released-from15-year-prison-life-in-a-human-jail-to-live-in-zoo-now-2391569.html.

3   Brian Sullivan, "Mall Menace," Abajournal, last modified October 24, 2006, https://www.abajournal.com/magazine/article/mall_menace.

4   Jeff Kahane, "Thou Shall Not Steal Another Man's Godly Pow-

ers," Kahane Law Office, last modified May 20, 2015, https://kahanelaw.com/wacky-wednesday-suing-people-for-stealing-your-godly-powers/.

5 Carl B. Hughes, and Patrick F. Owen, "Current Status of Rorschach Assessment: Implications for the School Psychologist," *Psychology in the Schools* 44, no. 3 (2007): 281, doi:10.1002/pits.20223.

6 Scott O. Lilienfeld, James M. Wood, and Howard N. Garb, "What's Wrong with This Picture?" *Scientific American* 284, no. 5 (May 2001): 81–87.

7 James N. Butcher, ed. *Oxford handbook of personality assessment*, (Oxford: Oxford University Press, 2009).

8 Mark S. Micale, *Approaching Hysteria: Disease and Its Interpretations* (Princeton University Press, 2019).

9 Cecilia Tasca et al.,"Women and hysteria in the history of mental health," Clinical Practice and Epidemiology in Mental Health 8, (2012): 110–9, doi:10.2174/1745017901208010110.

10 Serge Doublet, *The Stress Myth* (Chesterfield: Science & Humanities Press, 2000).

11 "Radioactive Cosmetics," Cosmetics and Skin, last modified September6, 2021, https://cosmeticsandskin.com/aba/glowing-complexion.php

12 Allison Marsh, "When X-Rays Were All the Rage, a Trip to the Shoe Store Was Dangerously Illuminating," IEEE Spectrum, last modified October 30, 2020, https://spectrum.ieee.org/when-xrays-were-allthe-rage-a-trip-to-the-shoe-store-was-dangerously-illuminating

13 Michael Van Duisen, "10 Of The Worst Alternative Medical Treatments," Listverse, last modified January 13, 2015, https://listverse. com/2015/01/13/10-of-the-worst-alternative-medical-treatments/.

3장 인생에 대해 조언하는 구루에게서 도망쳐라, 너무 늦기 전에

1 Meichenbaum, and and Lilienfeld, "How to Spot Hype," 22.

2 American Psychological Association, "Datapoint: Where are the

Highest Concentrations of Licensed Psychologists?" *Monitor on Psychology* 47, no. 3 (March 2016), 13.

3   Roy F. Baumeister, "Stalking the True Self Through the Jungles of Authenticity: Problems, Contradictions, Inconsistencies, Disturbing Findings—and a Possible Way Forward," *Review of General Psychology* 23, no. 1 (March 2019): 143–54. https://doi.org/10.1177/1089268019829472.

4   Darko Jacimovic, "19 Self-Improvement Industry Statistics You Probably Didn't Know Before," Deals on health, last modified October 8, 2021, https://dealsonhealth.net/self-improvementindustry-statistics/

5   Ayesh Perera, "Self-Actualization," Simply Psychology, last modified September 4, 2020, https://www.simplypsychology.org/self-actualization.html.

6   Baumeister, "Stalking the True Self," 143–54

7   Stephen G. West, and Jan T. Brown, "Physical Attractiveness, the Severity of the Emergency and Helping: A Field Experiment and Interpersonal Simulation," *Journal of Experimental Social Psychology* 11, no. 6 (November 1975): 531–538.

8   Timothy D. Wilson, and Daniel T. Gilbert, "Affective Forecasting," *Advances in Experimental Social Psychology* 35, (2003): 345–411.

9   Charles A. Holt, and Susan Laury, "Risk Aversion and Incentive Effects," *Andrew Young School of Policy Studies Research Paper Series* no. 06–12, (April 2002), http://dx.doi.org/10.2139/ssrn.893797.

4장 피해자가 됨으로써 승리하는 사람들

1   이 글은 《퀼레트》 2021년 8월 27일자에 먼저 실었다. https://quillette.com/2021/08/27/the-victim-race/

2   Dave Smith, "Hannah Smith inquest: Teenager posted 'online messages',"BBC News, last modified May 6, 2014, https://www.bbc.com/news/uk-england-leicestershire-27298627.

3   "Related Studies About Cyberbullying," IPL, accessed March 8, 2022, https://www.ipl.org/essay/Bullying-The-Causes-And-Ef-

fects-OfCyberbullying-PKUM5B7EAJF6.

4   Elizabeth Englander, "Low Risk Associated with Most Teenage Sexting: A Study of 617 18-Year-Olds," *MARC Research Reports Paper 6*, (July 2012), https://vc.bridgew.edu/marc_reports/6/.

5   Juli Fraga, "When Teens Cyberbully Themselves," NPR, last modified April 21, 2018, https://www.npr.org/sections/health-shots/2018/04/21/604073315/when-teens-cyberbully-them-selves?t=1629717312162&t=1646744900194.

6   Karen Pierog, and Suzannah Gonzales, "Jussie Smollett Staged Chicago 'Hate Crime' Seeking Higher Pay: Police," *Reuters*, last modified February 21, 2019, https://www.reuters.com/article/us-people-jussie-smollett-idUSKCN1QA1HD.

7   Wilfred Reilly, *Hate Crime Hoax: How the Left is Selling a Fake Race War* (Washington: Regnery Publishing, 2019).

8   Claire E. Ferguson, and John M. Malouff, "Assessing Police Clas-sifications of Sexual Assault Reports: A Meta-Analysis of False Reporting Rates," *Archives of Sexual Behavior* 45, (2016): 1185–1193.

9   Irenäus Eibl-Eibesfeldt, *Love and Hate: The Natural History of Be-havior* Patterns (New York: Routledge, 1996).

10   Sarah B. Hardy, *The Woman That Never Evolved* (Cambridge: Harvard university Press, 1999)

11   Stacy Hackner, "That Margaret Mead Quote," last modified April 21, 2020, https://stacyhackner.wordpress.com/2020/04/21/that-margaret-mead-quote/

12   Charles Sykes, *A Nation of Victims: The Decay of the American Character*, (New York: St. Martin's Press, 1992).

13   Tana Dineen, *Manufacturing Victims: What Psychology Industry is Doing to People* (Robert Davies Pub, 2007), http://tanadineen.com/documents/MV3.pdf

14   Bradley Campbell, and Jason Manning, *The Rise of Victimhood Culture: Microaggressions, Safe Spaces, and the New Culture Wars* (London: Palgrave Macmillan, 2018).

15   "Prison Subculture and Prison Gang Influence," accessed March 9, 2022, https://www.sagepub.com/sites/default/files/

upm-binaries/50421_ch_10.pdf

16 Alexandre Roig, "Crime and Money. Monetary Hierarchy in Prison," Books & Ideas, last modified, January 28, 2016, https://booksandideas.net/Crime-and-Money.html.

17 Ekin Ok et al., "Signaling Virtuous Victimhood as Indicators of Dark Triad Personalities," *Journal of Personality and Social Psychology. Advance online publication* (July 2020), http://dx.doi.org/10.1037/pspp000032

18 Rahav Gabay et al., "The Tendency for Interpersonal Victimhood: The Personality Construct and its Consequences," *Personality and Individual Differences* 165, (October 2020): https://doi.org/10.1016/j.paid.2020.110134

19 "Das sind die häufigsten Ursachen für Krankschreibungen" last modified October 23,2019, https://www.t-online.de/finanzen/geld-vorsorge/versicherungen/id_86671434/krankenkassen-zahlder-krankheitstage-seit-2008-gestiegen-.html.

20 David Ingleby, "Professionals as Socializers: The 'Psy Complex'," *Research in Law, Deviance and Social Control* 7, no. 79 (1985): 109.

21 Randy Cassingham, "Stella Liebeck's Case: What Really Happened" accessed March 9, 2022, https://stellaawards.com/stella/

22 Randy Cassingham, "The 2006 True Stella Awards Winners" last modified January 31, 2007, https://stellaawards.com/winners-2006/

23 Randy Cassingham, "True Stella Awards: Overall Winners" last modified June 5, 2019, https://stellaawards.com/overall/.

24 Frederick Crews, *The Memory Wars* (New York: Review Books, 1995).

25 Judith Herman, *Trauma and Recovery* (New York: Basic Books, 2015).

26 James Morrison, "Number of DSM Diagnoses" accessed March 9, 2022, http://www.jamesmorrisonmd.org/number-of-dsm-diagnoses.html.

27 Kate McMaugh, and Warwick Middleton, "The Rise and Fall of the False Memory Syndrome Foundation," ISSTD News, last modified

January 21, 2020, https://news.isst-d.org/the-rise-andfall-of-the-false-memory-syndrome-foundation/

28 Paul R. McHugh et al., "From Refusal to Reconciliation: Family Relationships After an Accusation Based on Recovered Memories," *The Journal of Nervous and Mental Disease* 192, no. 8 (September 2004): 525–31, doi:10.1097/01.nmd.0000136301.18598.52.

2부 삶과 죽음의 경계 흐리기

5장 누가 자살이라는 자유를 선택할 수 없게 하는가

1 이 글은《아레오 매거진》2020년 7월 1일자에 먼저 실었다. https://areo-magazine.com/2020/07/01/choosing-thefinal-freedom-suicide-in-the-past-and-present/

2 Michel Rosenfeld, and András Sajó eds., *The Oxford Handbook of Comparative Constitutional Law* (Oxford University Press, 2012).

3 Gerry Holt, "When Suicide was Illegal," BBC News, last modified August 3, 2011, https://www.chicagomanualofstyle.org/tools_citationguide/citation-guide-1.html.

4 "The Bizarrely Severe Punishments For Commiting Suicide," Knowledge Nuts, accessed March 9, 2022, https://knowledge-nuts.com/2014/02/17/the-bizarrely-severe-punishments-for-committingsuicide/.

5 Alexander Kästner, and Evelyne Luef, "The Ill-Treated Body: Punishing and Utilising the Early Modern Suicide Corpse," in *A Global History of Execution and the Criminal Corpse*, ed. Richard Ward (London: Palgrave Macmillan, 2015), 147–169, doi:10.1057/9781137444011_6

6 Brian Mishara, and David Weisstub, "The legal status of suicide: A global review," *International Journal of Law and Psychiatry* 44, (2015), doi:10.1016/j.ijlp.2015.08.032.

7 "Suicide," *Stanford Encyclopedia of Philosophy*, last modified November 9, 2021, https://plato.stanford.edu/entries/suicide/.

8 Wu Mingren, "Petitioning for Death: Did Ancient Romans Really Ask for Permission to Commit Suicide?" Ancient Origins, last modified January 27, 2018, https://www.ancient-origins.net/history-ancienttraditions/petitioning-death-did-ancient-romans-really-ask-permission-commit-suicide-021809.

9 Christian Goeschel, "Suicide in Nazi Germany," *Suicide in Nazi Germany* (January 2011): 1–264, doi:10.1093/acprof:oso/9780199532568.001.0001

10 "The Ancient Christian Cult Of Suicidal, Daredevil Martyrs," Knowledge Nuts, accessed March 9, 2022, https://knowledgenuts.com/2014/03/26/the-ancient-christian-cult-of-suicidal-daredevilmartyrs/.

11 Patrick Madrid, "Donatism," Catholic Answers, last modified January 4, 1994, https://www.catholic.com/magazine/print-edition/donatism.

6장 자살을 막지 못하는 화물 숭배적 과학

1 이 글은 《퀼레트》 2021년 2월 6일자에 먼저 실었고 허가를 받아 재수록한다. https://quillette.com/2021/02/06/suicide-prevention-and-the-social-science-cargo-cult/

2 Peter M. Worsley, "50 Years Ago: Cargo Cults of Melanesia," Scientific American, last modified May 1, 2009, https://www.scientificamerican.com/article/1959-cargo-cults-melanesia/.

3 Richard P. Feynman, "Cargo Cult Science," *Engineering and Science* 37, no. 7 (1974): 10–13.

4 Kathryn Fox et al., "Interventions for Suicide and Self-Injury: A Meta-Analysis of Randomized Controlled Trials Across Nearly 50 Years of Research," *Psychological Bulletin* 146, no. 12 (October 2020), doi:10.1037/bul0000305.

5 Joseph C. Franklin et al., "Risk Factors for Suicidal Thoughts and Behaviors: A Meta-Analysis of 50 Years of Research," *Psychological Bulletin* 143, no. 2 (2017): 187–232

6 Roy F. Baumeister, "Suicide as escape from self," *Psychological Review* 97, no.1 (January 1990): 90–113, doi:10.1037/0033-

295x.97.1.90. PMID: 2408091.

7   Wim Van Der Hoek et al., "Pesticide Poisoning: A Major Health Problem in Sri Lanka," *Social Science & Medicine* 46, no. 4–5 (1998): 495–504, https://doi.org/10.1016/S0277-9536(97)00193-7.

8   Fazle Chowdhury et al., "Bans of WHO Class I Pesticides in Bangladesh—Suicide Prevention without Hampering Agricultural Output," *International Journal of Epidemiology* 47, (2017), doi:10.1093/ije/dyx157.

9   "Which countries have banned pesticides used in suicide?" BBC News, last modified September 15, 2019, https://www.bbc.com/news/world-asia-49662340.

10 Ying-Yeh Chen et al., "Assessing the Efficacy of Restricting Access to Barbecue Charcoal for Suicide Prevention in Taiwan: A Community-Based Intervention Trial," PLOS ONE 10, (2015), doi:10.1371/journal.pone.0133809.

11 Norman L. Farberow et al., "An Eight-Year Survey of Hospital Suicides," *Life-Threatening Behavior* 1, no. 3 (1971): 184–202.

12 James Hittner, "How Robust is the Werther Effect? A Re-Examination of the Suggestion-Imitation Model of Suicide," *Mortality* 10, (2005): 193–200, doi:10.1080/13576270500178112.

13 Thomas Niederkrotenthaler et al., "Role of Media Reports in Completed and Prevented Suicide: Werther v. Papageno Effects," *British Journal of Psychiatry* 197, no. 3 (2010): 234–43, doi:10.1192/bjp.bp.109.074633.

14 David A. Jobes et al.,"The Kurt Cobain Suicide Crisis: Perspectives from Research, Public Health, and the News Media," *Suicide & Life-threatening Behavior* 26, no. 3 (1996): 260–69.

15 Steven Stack, "Media Coverage as a Risk Factor in Suicide," *Journal of Epidemiology and Community Health* 57, (2003): 238–40, doi:10.1136/ip.8.suppl_4.iv30.

16 "The Papageno Effect," Suizidforschung, assessed March 9, 2022, https://www.suizidforschung.at/papageno-effect/

17 Niederkrotenthaler et al., "Role of Media Reports," 234–43.

7장 칭찬받는 자살, 비난받는 자살, 죽을 권리

1   Thomas Bronisch, "Suicide," in *International Encyclopedia of the Social & Behavioral Sciences*, eds Neil J. Smelser, and Paul B. Baltes, (Oxford: Pergamon, 2001), 15259–15268, https://doi.org/10.1016/B0-08-043076-7/03768-2.

2   Rory C. O'Connor, and Noel Sheehy, *Understanding Suicidal Behaviour*, (Hoboken: Wiley-Blackwell, 2000).

3   "Personal Stories," Campaign for Dignity in Dying, accessed May 4, 2022, https://www.dignityindying.org.uk/why-we-needchange/personal-stories/.

4   Robert Alun Jones, *Emile Durkheim: An Introduction to Four Major Works*, (Beverly Hills: Sage Publications, 1986), 82–114.

5   Kara B Fehling, and Edward A. Selby, "Suicide in DSM-5: Current Evidence for the Proposed Suicide Behavior Disorder and Other Possible Improvements," *Frontiers in Psychiatry* 11 (2021), https://doi.org/10.3389/fpsyt.2020.499980.

6   Maria Zetterqvist, "The DSM-5 Diagnosis of Nonsuicidal Self-Injury Disorder: A Review of the Empirical Literature," *Child and Adolescent Psychiatry and Mental Health* 9, no 31 (2015).

7   Cindy Wooden, "Self-Mortification Must be Moderate, Monitored," National Catholic Reporter last modified February 5, 2010,https://www.ncronline.org/news/vatican/self-mortification-must-bemoderate-monitored.

8   Fox et al., "Interventions for Suicide."

8장 "그래도 네가 했어", 정의로운 폭도를 막아라

1   이 글은 《컬투리코》 2022년 4월 16일자에 먼저 실었고 허가를 받아 재수록한다. https://culturico.com/2022/04/16/the-presumption-of-innocence/

2   "Crime, justice and wellbeing," Australian Bureau of Statistics, last modified October 12, 2001, https://www.abs.gov.au/ausstats/abs@.nsf/latestproducts/D9E3B2D4CC6B5147CA2571B9001D-1F51?opendocument.

3   Kotie Geldenhuys, "Mob justice serves no justice at all," Ser-
    vamus Community-based Safety and Security Magazine 113, no.
    11 (2020): 10–15, doi: 10.10520/ejc-servamus-v113-n11-a4.

4   "DNA Exonerations in the United States," Innocence Project, ac-
    cessed March 12, 2022, https://innocenceproject.org/dna-exon-
    erationsin-the-united-states/

5   "Death Penalty," Gallup, assessed March 12, 2022, https://news.
    gallup.com/poll/1606/death-penalty.aspx.

6   "Race and Wrongful Convictions," The National Registry of Exon-
    erations, accessed March 12, 2022, https://www.law.umich.edu/
    special/exoneration/Pages/Race-and-Wrongful-Convictions.aspx

7   Daniele Selby, "8 Facts You Should Know About Racial Injustice
    in the Criminal Legal System," Innocence Project, last modified
    May 2, 2021, https://innocenceproject.org/facts-racial-discrimina-
    tion-justice-system-wrongful-conviction-black-history-month/

8   Samuel R. Gross, Maurice Possley, and Klara Stephens, "Race and
    Wrongful Conviction in the United States," National Registry of
    Exonerations, last modified March 7,2017, http://www.law.umich.
    edu/special/exoneration/Documents/Race_and_Wrongful_Con-
    victions.pdf.

9   Radley Balko, "There's Overwhelming Evidence that the Criminal
    Justice System is Racist. Here's the proof," *The Washington Post*,
    last modified June 10, 2020, https://www.washingtonpost.com/
    graphics/2020/opinions/systemic-racism-police-evidence-crimi-
    naljustice-system/.

10 Bryan Lee Miller, "Social Class and Crime," in *The Wiley Encyclo-
    pedia of Crime & Punishment (1st Edition)* eds. Wesley Jennings,
    George Higgins, Mildred Maldonado-Molina, and David Khey
    (Hoboken: Wiley-Blackwell, 2016)

11 Ivan Jankovic, "Social Class and Criminal Sentencing," *Crime and
    Social Justice* 10, (1978): 9–16.

12 Amy Watson et al., "Mental Health Courts and the Complex Issue
    of Mentally Ill Offenders," *Psychiatric Services* 52, no. 4 (2001):
    477–481, doi: 10.1176/appi.ps.52.4.477.

13 Emily D. Gottfried, and Sheresa Christopher, "Mental Dis-

orders Among Criminal Offenders: A Review of the Literature", *Journal of Correctional Health Care* 23, (2017), doi:10.1177/1078345817716180.

14 Rebecca M. Bolen, *Child Sexual Abuse: Its Scope and Our Failure* (New York: Kluwer Academic Publishers, 2001).

15 Ed. Tara Ney, *True and False Allegations of Child Sexual Abuse: Assessment and Case Management* (New York: Brunner/Mazel, 1995).

16 Eds. Theodore Millon, and Melvin J. Lerner, *Handbook of Psychology, Personality and Social Psychology* (Hoboken: John Wiley & Sons, Inc., 2003)

17 Edwin J. Mikkelsen, Thomas Gutheil, and Margaret Emens, "False Sexual-Abuse Allegations by Children and Adolescents: Contextual Factors and Clinical Subtypes," *American Journal of Psychotherapy* 46, (1992): 556–70.

18 Jon Bradley, "False Accusations: A Growing Fear in the Classroom," EdCan Network, last modified January 6, 2011, https://www.edcan.ca/articles/false-accusations-a-growing-fear-in-the-classroom/.

19 "The Professional Journey of Male Primary-Junior Teachers Project," Northern Canadian Centre for Research in Education & the Arts, accessed March 12, 2022, http://norccrea.nipissingu.ca/male-primary-teachers.htm.

20 Caroline Winter, "Risk of False Sex Abuse Claims Turning Young Men Off Teaching Careers, Union Fears," ABC News, last modified May 13, 2014, https://www.abc.net.au/news/2014-05-13/teachersunion-worried-young-men-fear-career-in-schools-sex-abu/5449396.

21 Sara S. Beale, "The News Media's Influence on Criminal Justice Policy: How Market-Driven News Promotes Punitiveness," *William & Mary Law Review* 48, (2006): 397–481; Paul Burstein, "The Impact of Public Opinion on Public Policy: A Review and an Agenda," *PoliticalResearch Quarterly* 56, no. 1 (March 2003): 29–40, https://doi.org/10.2307/3219881.

22 Clow Kimberley et al., "Public Perception of Wrongful Conviction:

Support for Compensation and Apologie," Albany Law Review 75, no. 3 (2012): 1415–38.

23 Pascale D. Portier, "Media Reporting of Trials in France and in Ireland," *Judicial Studies Institute Journal*, 6, no. 1 (2006): 197–238

24 "Mob Attacks Man 'Named' as Paedophile," *The Irish Times*, August 4, 2000, https://www.irishtimes.com/news/mob-attacks-man-namedas-paedophile-1.299560; Steven Morris, "Investigations Opened into Vigilante Murder of Man Mistaken for Paedophile," *The Guardian*, October 29, 2013, https://www.theguardian.com/uk-news/2013/oct/29/vigilante-murder-paedophile-bristol-bijan-ebrahimi.

25 "Richard Huckle: Paedophile Killed in Prison 'Strangled and Stabbed'," *BBC News*, October 2016, 2019, https://www.bbc.com/news/uk-50072903.

26 California Inmate Says in Letter that he Killed 2 Molesters in Prison," CTV News, February 21, 2020, https://www.ctvnews.ca/world/california-inmate-says-in-letter-that-he-killed-2-molesters-inprison-1.4822429

27 Shahid M. Shahidullah, Comparative Criminal Justice Systems: Global and Local Perspectives (Burlington: Jones & Bartlett Learning, 2021).

28 "Woman Jailed for 10 Years for Making Series of False Rape Claims," The Guardian, August 24, 2017, https://www.theguardian. com/society/2017/aug/24/woman-jailed-10-years-false-rape-claimsjemma-beale.

29 "Investigating Child Abuse can Mean More Trauma—Iceland Could Have the Answer," Apolitical, last modified July 10, 2018, https:// apolitical.co/solution-articles/en/investigating-child-abuse-canmean-more-trauma-iceland-could-have-the-answer

30 Philip M. Stahl, *Complex Issues in Child Custody Evaluations* (Beverly Hills: Sage Publications, 1999).

31 Colby Duncan, "Justifying Justice: Six Factors of Wrongful Convictions and Their Solutions," *Themis: Research Journal of Justice Studiesand Forensic Science* 7, no. 1 (2019): 91–107

32 Richard S. Schmechel et al., "Beyond the Ken? Testing Jurors' Un-

derstanding of Eyewitness Reliability Evidence," *Jurimetrics* 46, (2006): 177–214.

33 Brando L. Garrett, and Peter J. Neufeld, "Invalid Forensic Science Testimony and Wrongful Convictions," *Virginia Law Review* 95, (2009): 1–97.

34 Duncan, "Justifying Justice," 91–107.

35 Duncan, "Justifying Justice," 91–107.

36 Duncan, "Justifying Justice," 91–107.

37 Hanna Kozlowska, "There's a Global Movement of Facebook Vigilantes Who Hunt Pedophiles," Quartz, last modified May 14, 2020, https://qz.com/1671916/the-global-movement-of-face-bookvigilantes-who-hunt-pedophiles/

38 "Paedophile Hunters Make Public Apology After Falsely Shaming Innocent Leeds Man in Live 'Sting'," *Yorkshire Evening Post*, April 26, 2018, https://www.yorkshireeveningpost.co.uk/news/paedophilehunters-make-public-apology-after-falsely-shaming-innocentleeds-man-live-sting-586455

39 Kyaw Ko Ko, "Mandalay Mob Attacks Station to Demand Suspected Pedophile," *Myanmar Times*, March 20, 2018, https://www.mmtimes. com/news/mandalay-mob-attacks-station-demand-suspectedpedophile.html.

40 "Alleged Pedophile Dies After Being Beaten by Mob," *The Jakarta Post*, December 21, 2017, https://www.thejakartapost.com/news/ 2017/12/21/alleged-pedophile-dies-after-being-beaten-by-mob.html.

41 Hugh Tomalison, "WhatsApp Child Sex Claims Leave 29 Dead in Indian Mob Hysteria," *The Sunday Times*, July 6, 2018, https://www.thetimes.co.uk/article/whatsapp-child-sex- claims-leave-29-deadin-indian-mob-hysteria-c56s9wfpb.

42 Mark Twain, "The United States of Lyncherdom," in Mark Twain et al., *Europe and Elsewhere* (New York: Harper & Brothers, Publishers,1923).

43 Robin Glad, Åsa Strömberg, and Anton Westerlund, Mob Justice. *A Qualitative Research Regarding Vigilante Justice in Modern Uganda* (Saarbrücken: Lambert Academic Publishing, 2011).

9장 권위에 빠진 과학자의 장례식 치르기

1 이 글은 《아레오 매거진》 2020년 6월 4일자에 먼저 실었고 허가를 받아 재수록한다. https://areomagazine.com/2020/06/04/wisdom-vsau-thority-in-science/

2 Konrad Lorenz, *On Aggression* (New York: Routledge; 2002).

3 Pierre Azoulay, Christian Fons-Rosen, And Joshua S. Graff Zivin, "Does Science Advance One Funeral at a Time?" *American Economic Review* 109, no. 8 (2019): 2889–2920, doi:10.3386/w21788.

4 Christopher Boehm, "Egalitarian Behaviour and the Evolution of Political Intelligence," in *Machiavellian Intelligence II: Extensions and Evaluations* eds. Andrew Whiten, and Richard W. Byrne (Cambridge University Press, 1997), 341–364.

5 Jacob Cohen, "The Earth is Round (p<.05)," *American Psychologist* 49, no. 12 (1994): 997–1003.

6 Leroy Wolins, "Responsibility for Row Data," *American Psychologist* 17, (1962): 657.

7 James R. Craig, and Sandra C. Reese, "Retention of Raw Data: A Problem Revisited," *American Psychologist* 28, (1973): 28.

8 Thomas F. Gieryn, and Anne E. Figert, "Scientists Protect their Cognitive Authority: The Status Degradation Ceremony of Sir Cyril Burt," in *The Knowledge Society, Sociology of the Sciences Yearbook* 10, eds Gernot Bohme, and Nico Stehr (Dordrecht: D. Reidel Publishing Company, 1986), 67–86.

9 John E. Hunter, "The Desperate Need for Replication," *Journal of Consumer Research* 28, no. 2 (2000): 149–58.

10 Tomasz Witkowski, "A Scientist Pushes Psychology Journals toward Open Data," *Skeptical Inquirer* 41, no. 4 (July-August 2017).

11 Tomasz Witkowski, "Is the Glass Half Empty or Half Full? Latest Results in the Replication Crisis in Psychology," *Skeptical Inquirer* 43, no. 2 (March-April 2019).

12 Daniel Saraga, "The Value of the Open Science Movement," PhysOrg, last modified August 29, 2019, https://phys.org/news/2016-08-science-movement.html.

13 C.K. Gunsalus, "Make Reports of Research Misconduct Public," *Nature* 570 no. 7 (June 2019), doi:http://sci-hub.tw/10.1038/d41586-019-01728-z.

14 Bradley Voytek, "Social Media, Open Science, and Data Science Are Inextricably Linked," *Neuron* 96, no. 6 (December 2017): 1219–1222. doi:10.1016/j.neuron.2017.11.015.

15 Rafi Letzer, "Scientists are Furious after a Famous Psychologist Accused her Peers of 'Methodological Terrorism'," *Business Insider* last modified September 22, 2016, https://www.businessinsider.com/susan-fiske-methodological-terrorism-2016-9?IR=T.

16 Michelle N. Meyer, and Christopher Chabris, "Why Psychologists' Food Fight Matters," *Slate* last modified July 31, 2014, https://slate.com/technology/2014/07/ replication-controversy-in-psychologybullying-file-drawer-effect-blog-posts-repligate.html.

10장 모호함을 찬양하다, 책임을 피하려고

1 이 글은 《컬투리코》 2021년 7월 18일자에 먼저 실었고 허가를 받아 재수록한다. https://culturico.com/2021/07/18/the-praise-of-unambiguity/

2 Meichenbaum, and Lilienfeld, "How to Spot Hype," 22.

3 T. Le Texier, *Histoire D'Un Mensonge* (Paris: Le Décuverte, 2018).

4 Gordon H. Bower, "Statement," last modified July 4, 2018, https://static1.squarespace.com/static/557a07d5e4b05fe7b-f112c19/t/5b3fb4466d2a733a7887178a/1530901574690/StatementBower2018-07-04.pdf.

5 Cohen, "The Earth is Round," 997–1003.

6 Tomasz Witkowski, *Shaping Psychology. Legacy, Controversy and the Future of the Field* (London: Palgrave Macmillan, 2020), 105.

7 Benjamin Radford, "Rorschach Test: Discredited But Still Controversial," *Live Science*, July 31, 2009, https://www.livescience.com/9695-rorschach-test-discredited-controversial.html.

8   Damion Searls, "Can we Trust the Rorschach Test?" *The Guardian*, February 21, 2017, https://www.theguardian.com/science/2017/feb/21/rorschach-test-inkblots-history.

9   James N. Butcher, *Oxford Handbook of Personality Assessment* (Oxford: Oxford University Press, 2009), 290.

10 Trenton Knauer, "Psychology's Replication Crisis," *Areo Magazine*, October 1, 2019, https://areomagazine.com/2019/10/01/psychologys-replication-crisis/

11 Tomasz Witkowski, "Many Undergrad Psych Textbooks do a Poor Job of Describing Science and Exploring Psychology's Place in it," *Research Digest*, October 16, 2018, https://digest.bps.org.uk/2018/10/16/many-undergrad-psych-textbooks-do-a-poor-jobof-describing-science-and-exploring-psychologys-place-in-it/

12 William K. Clifford, *The Ethics of Belief, Lectures and Essays* (London: Macmillan, 1886).

13 "DNA Exonerations."

11장 뺌으로써 더하기, 지식 저장강박증의 치료

1   이 글은 《아레오 매거진》 2022년 1월 26일자에 먼저 실었고 허가를 받아 재수록 한다. https://areomagazine.com/2022/01/26/subtractive-epistemology-how-to-add-value-by-taking-things-away/

2   Jacob Shelton, "14 People Who Died From Their Hoarding Addictions," Ranker, last modified September 25, 2019, https://www.ranker.com/list/hoarding-deaths/jacob-shelton

3   Scott O. Lilienfeld, and Hal Arkowitz, *Facts and Fictions in Mental Health* (Hoboken: Wiley-Blackwell, 2017), 14–17.

4   Nassim N. Taleb, *Antifragile: Things That Gain From Disorder* (New York: Random House, 2012).

5   Susan Michie et al., "Making Psychological Theory Useful for Implementing Evidence Based Practice: A Consensus Approach," *Quality & Safety in Health Care* 14, (2005): 26–33, doi: 10.1136/qshc.2004.011155

6   Davis R, Campbell et al., "Theories of Behaviour and Behaviour Change Across the Social and Behavioural Sciences: A Scoping

Review," *Health Psychology* Review 9, no. 3 (2015): 323–44. doi: 10.1080/17437199.2014.941722.

7 Sierra Williams, "Are 90% of Academic Papers Really Never Cited? Reviewing the Literature on Academic Citations," LSE, last modified April 23, 2014, https://blogs.lse.ac.uk/impactofsocialsciences/2014/04/23/academic-papers-citation-rates-remler/.

8 Richard Buckminster Fuller, *Critical Path* (New York: St Martins Press, 1981).

9 Rob Johnson, Anthony Watkinson, and Michael Mabe, *The STM Report. An Overview of Scientific and Scholarly Publishing*, (Hague: International Association of Scientific, Technical and Medical Publishers, 2018)

10 Gabriele S. Adams et al., "People Systematically Overlook Subtractive Changes," *Nature* 592, (April 2021): 258–261 doi: 10.1038/s41586-021-03380-y.

11 Leidy Klotz, *Subtract: The Untapped Science of Less* (New York: Flatiron Books, 2021).

12 Daniel Kahneman, and Amos Tversky, "Prospect Theory: An Analysis of Decisions under Risk," *Econometrica* 47, (1979): 313–327.

13 Taleb, *Antifragile*

14 Robert M. Yerkes, and John D. Dodson, "The Relation of Strength of Stimulus to Rapidity of Habit-Formation," *Journal of Comparative Neurology and Psychology* 18, no. 5 (1908): 459–482. doi:10.1002/cne.920180503.

4부 대중 심리학의 풍경 헤집기

12장 외로움을 박멸해야 한다는 이 시대의 프로파간다

1 이 글은《아레오 매거진》2020년 8월 11일자에 더 짧은 버전을 먼저 실었고 허가를 받아 재수록한다. https://areomagazine.com/2020/08/11/the-benefits-of-loneliness/

2 Ralph Leonard, "The Benefits of Solitude," *Areo Magazine*, Sep-

tember 20, 2019, https://areomagazine.com/2019/09/20/theben-efits-of-solitude/.

3 "Following UK, German Politicians Urge for Measures to Fight Loneliness," DW, last modified January 19, 2018, https://www.dw.com/en/following-uk-german-politicians-urge-for-mea-sures-to-fight-loneliness/a-42217742.

4 "Calls Grow for Germany to Follow UK Example and Combat Rising Loneliness." The Local, January 19, 2018, https://www.thelocal.de/20180119/calls-grow-for-germany-to-follow-uk-exam-ple-andtackle-rising-loneliness/.

5 Vivek Murthy, "The Surgeon General's Prescription of Happiness," TedMed, accessed March 16, 2022, https://tedmed.com/talks/show?id=527633.

6 Darcy Kuang, "UChicago Professor Developing Pill for Loneli-ness," *The Chicago Maroon*, February 16, 2019, https://www.chicagomaroon.com/article/2019/2/16/uchicago-professordevel-oping-pill-lonliness/.

7 Laura Entis, "Scientists are working on a pill for loneliness," *The Guardian*, January 26, 2019, https://www.theguardian.com/usnews/2019/jan/26/pill-for-loneliness-psychology-science-medi-cine.

8 Jon Krakauer, *Into the Wild* (New York: Anchor Books, 1997).

9 Louise C. Hawkley et al., "Are U.S. Older Adults Getting Lonelier? Age, Period, and Cohort Differences," *Psychology of Aging* 34, no. 8 (December 2019): 1144–1157, doi:10.1037/pag0000365.

10 John T Cacioppo, and Stephanie Cacioppo, "The Growing Prob-lemof Loneliness," The Lancet 391, no. 10119 (February 2018): 426, https://doi.org/10.1016/S0140-6736(18)30142-9.

11 Amy Morin, "Loneliness Is as Lethal As Smoking 15 Ciga-rettes Per Day," Inc. accessed March 18, 2022, https://www.inc.com/amy-morin/americas-loneliness-epidemic-is-more-le-thal-than-smokingheres-what-you-can-do-to-combat-isolation.html.

12 Jo Cox Commission on Loneliness, "Combatting Loneliness One Conversation at a Time," accessed March 18, 2022, https://www.

ageuk.org.uk/globalassets/age-uk/documents/reports-and-pub-licat ions/reports-and-briefings/active-communities/rb_dec17_jocox_commission_finalreport.pdf.

13 Julianne Holt-Lunstad, Timothy B. Smith, and J. Bradley Layton, "Social Relationships and Mortality Risk: A Meta-analytic Review," *PLoS Med* 7, no. 7 (July 2010), https://doi.org/10.1371/journal.pmed.1000316.

14 Ceylan Yeginsu, "U.K. Appoints a Minister for Loneliness," The New York Times, January 17, 2018, https://www.nytimes.com/2018/01/17/world/europe/uk-britain-loneliness.html.

15 "10 Years of the World Happiness Report," accessed March 18, 2022, https://worldhappiness.report/.

16 Keming Yang, *Loneliness: A Social Problem* (New York: Rout-ledge, 2019).

17 Philip Hyland et al., "Quality not Quantity: Loneliness Subtypes, Psychological Trauma, and Mental Health in the US Adult Popula-tion," *Social Psychiatry and Psychiatric Epidemiology* 54, (2019): 1089–1099,

18 "Bad Marriage Bad for Women's Hearts," *NBC News* March 5, 2009, https://www.nbcnews.com/health/health-news/bad-mar-riagebad-womens-hearts-flna1c9451186

19 Kira S. Birditt et al., "Stress and Negative Relationship Quality among Older Couples: Implications for Blood Pressure," *The Journals of Gerontology* 71, no. 5 (September 2016): 775–785, https://doi.org/10.1093/geronb/gbv023.

20 Yuthika Girme et al., "Happily Single: The Link Between Relation-ship Status and Well-Being Depends on Avoidance and Approach Social Goals," *Social Psychological and Personality Science* (Au-gust 2015), doi:10.1177/1948550615599828.

21 Jason T. Newsom et al., "Stable Negative Social Exchanges and Health," *Health Psychology* 27, no. 1 (2008): 78–86, https://doi.org/10.1037/0278-6133.27.1.78

22 Christopher R. Long, and James R. Averill, "Solitude: An Explora-tion of Benefits of Being Alone," *Journal for the Theory of Social Behaviour* 33, no. 1 (2003): 21–44, https://doi.org/10.1111/1468-

5914.00204

23 Christopher Ingraham, "Why Smart People are Better off with Fewer Friends," *The Independent*, March, 2016, https://www.independent.co.uk/life-style/health-and-families/why-smart-pepleare-better-off-with-fewer-friends-a6939751.html.

24 Coplan, R. J., and Bowker, J. C. eds. *The Handbook of Solitude: Psychological Perspectives on Social Isolation, Social Withdrawal, and being Alone.* (New York: Wiley Blackwell, 2014).

25 Leonard, "The Benefits of Solitude."

26 "Families and Households in the UK: 2016," Office for National Statistics last modified November 4, 2016, https://www.ons.gov.uk/peoplepopulationandcommunity/birthsdeathsandmarriages/families/bulletins/familiesandhouseholds/2016.

13장 우리 머리에만 의지해서는 안 된다, 체화된 인지

1 Heng Li, "Philosophy in the Flesh: How Philosophical View of Embodiment Motivates Public Compliance with Health Recommendations During the COVID-19 Crisis," *Personality and Individual Differences* 181, no. 1. (2021): 111059, doi:10.1016/j.paid.2021.111059

2 Michael M. Ent, and Roy F. Baumeister "Embodied Free Will Beliefs: Some Effects of Physical States on Metaphysical Opinions," *Consciousness and Cognition* 27, (July 2014): 147–54, doi:10.1016/j.concog.2014.05.001

3 Maurice Merleau-Ponty, *Phenomenology of Perception* (New York: Routledge, 2013).

4 George Lakoff, and Mark Johnson, *Philosophy in the Flesh: the Embodied Mind & its Challenge to Western Thought* (New York: Basic Books, 1999).

5 George Lakoff, and Rafael Nuñez, *Where Mathematics Come From: How The Embodied Mind Brings Mathematics Into Being* (New York: Basic Books, 2001)

6 Antonio Damásio, *Descartes' Error: Emotion, Reason, and the Human Brain* (London: Penguin Books, 2005).

7   Emeran A. Mayer, *The Mind-Gut Connection: How the Astonish-ing Dialogue Taking Place in Our Bodies Impacts Health, Weight, and Mood* (New York: HarperCollins, 2016).

8   Snigdha Misra, and Debapriya Mohanty, "Psychobiot-ics: A New Approach for Treating Mental Illness?" *Criti-cal Reviews in Food Science and Nutrition* 59 (2017): 1–7, 10.1080/10408398.2017.1399860.

14장 약을 팔기 위해 숨긴 것, 노세보 효과

1   이 글은 마치에이 자톤스키Maciej Zatoński와 함께 썼으며 《과학기반의학》 2021년 5월 7일자에 더 짧은 버전을 먼저 실었고 허가를 받아 재수록한다. https://sciencebasedmedicine.org/mr-hyde-the-dark-side-ofpla-cebo-effect/

2   Roy R. Reeves et al., "Nocebo Effects with Antidepressant Clinical Drug Trial Placebos," *General Hospital Psychiatry* 29, no. 3 (May–June 2007): 275–277, doi:10.1016/j.genhosppsych.2007.01.010.

3   Xiaoqiang Ding 1, Zhen Cheng, Qi Qian "Intravenous Fluids and Acute Kidney Injury," *Blood Purification* 43, no. 1–3 (March 2017): 163–172, doi: 10.1159/000452702.

4   Arthur J. Barsky et al., "Nonspecific Medication Side Effects and the Nocebo Phenomenon," *JAMA* 287, no. 5 (February 2002): 622–627.

5   Winfried Rief, Jerry Avorn, and Arthur J. Barsky, "MedicationAt-tributed Adverse Effects in Placebo Groups: Implications for As-sessment of Adverse Effects," *Archives of Internal Medicine* 166, no. 2 (2006): 155–160, doi:10.1001/archinte.166.2.155.

6   Walter P. Kennedy, "The nocebo reaction," *Medical World* 95 (1961): 203–5.

7   Robert A. Hahn, "The Nocebo Phenomenon: Concept, Evidence, and Implications for Public Health," *Preventive Medicine* 26, no. 5 (1997): 607–611, doi:10.1006/pmed.1996.0124.

8   Frances A. Wood et al., "N-of-1 Trial of a Statin, Placebo, or No Treatment to Assess Side Effects," *The New England Journal of Medicine* 383 (November 2020): 2182–84, doi: 10.1056/NE-

JMc2031173

9 Barsky, "Nonspecific Medication," 622–627.

10 John. A. Cairns et al. "Aspirin, Sulfinpyrazone, or both in Unstable Angina. Results of a Canadian Multicenter Trial." *The New England Journal of Medicine* 313, no. 22 (1985): 1369–75. doi:10.1056/NEJM198511283132201.

11 Nicola Mondaini et al. "Finasteride 5 mg and Sexual Side Effects: How Many of These are Related to a Nocebo Phenomenon?" *The Journal of Sexual Medicine* 4, no. 6 (2007): 1708–12, doi:10.1111/j.1743-6109.2007.00563.x.

12 Luana Colloca, "Nocebo Effects can Make you Feel Pain," *Science* 358, no. 6359 (October 2017): 44, doi:10.1126/science.aap8488.

13 Carlos Zacharias, Joining Efforts to Destroy a Mighty Empire: The Delphic Oracle Reloaded!" *International Journal of High Dilution Research* 10 (March 2011), doi:10.51910/ijhdr.v10i34.427.

13 Asbjørn Hróbjartsson, and Peter C. Gøtzsche, "Core Belief in Powerful Effects of Placebo Interventions is in Conflict with No Evidence of Important Effects in a Large Systematic Review," *Advances in Mind-Body Medicine* 17 (January 2001): 312–318.

15 Peter P. De Deyn, and Rudi D'Hooge, "Placebos in clinical practice and research," *Journal of Medical Ethics* 22, no. 3 (1996): 140–146. doi:10.1136/jme.22.3.140.

16 Henry K. Beecher, "Evidence for Increased Effectiveness of PlacebosWith Increased Stress," *American Journal of Physiology* 187, no. 1 (September 1956): 163–169, https://doi.org/10.1152/ajplegacy.1956.187.1.163.

15장 심리학의 대가가 친 최악의 사기, 정신종양학

1 이 글은 마치에이 자톤스키와 함께 썼으며 《과학기반의학》 2020년 1월 30일자에 더 짧은 버전을 먼저 실었고 허가를 받아 재수록한다. https://sciencebasedmedicine.org/a-miracle-cancer-preventionand-treatment-not-necessarily-as-the-analysis-of-26-articles-bylegendary-hans-eysenck-shows/

2 "King's College London Enquiry into Publications Authored by Professor Hans Eysenck with Professor Ronald Grossarth-Maticek," last modified May, 2019, https://retractionwatch.com/wp-content/uploads/2019/10/HE-Enquiry.pdf.

3 Steven J. Haggbloom, "The 100 Most Eminent Psychologists of the 20th Century," *Review of General Psychology* 6, no. 2 (2002): 139–152, https://psycnet.apa.org/doi/10.1037/1089-2680.6.2.139.

4 Arthur R. Jensen, "Apostle of the London School," in *Portraits of Pioneers in Psychology* 4, eds. Gregory A. Kimble, and Michael Wertheimer (New York: Psychology Press, 2000), 338–357.

5 James Coyne, "The Mind in Cancer: Low Quality Evidence from a High-Impact Journal," *Science-Based Medicine*, August 3, 2012, https://sciencebasedmedicine.org/the-mind-in-cancer/.

6 Anthony J. Pelosi, "Personality and Fatal Diseases: Revisiting a Scientific Scandal," *Journal of Health Psychology* 24, no. 4 (2019): 421–439, https://doi.org/10.1177%2F1359105318822045.

7 Hans J. Eysenck, and Ronald Grossarth-Maticek, "Creative Novation Behaviour Therapy as a Prophylactic Treatment for Cancer and Coronary Heart Disease: Part II—Effects of Treatment," *Behaviour Research and Therapy* 29, no. 1 (1991): 17–31, doi:10.1016/s0005-7967(09)80003-x.

8 "Diederik Stapel Now has 58 Retractions," Retraction Watch, accessed March 18, 2022, https://www.chicagomanualofstyle.org/tools_citationguide/citation-guide-1.html.

9 Andrew M. Colman et al., "A Role in Auditing Hans Eysenck?" *The Psychologist* 32 (September 2019): 2.

10 Bob Altemeyer, "Right-Wing Authoritarianism," *American Political Science Review* 76, no. 3 (1982): 737–738.

11 Hans Jurgen Eysenck, and L. J. Eaves, *The Causes and Effects of Smoking* (Beverly Hills: Sage Publications, 1980).

12 David Gilbert, "I hope that things are going well for you," Industry Documents Library, accessed March 18, 2022, https://www.industrydocuments.ucsf.edu/docs/#id=mncf0003.

13 Anthony Pelosi, and Louise Appleby, "Personality and Fatal Dis-

eases," *BMJ* (Clinical research ed.) 306, no. 6893 (1993): 1666–7, doi:10.1136/bmj.306.6893.1666.

14 Manfred Amelang, Claudia Schmidt-Rathjens, and Gerald Matthews, "Personality, Cancer and Coronary Heart Disease: Further Evidence on a Controversial Issue," *British Journal of Health Psychology* 1, no. 3 (September 1996): 191–205, https://doi.org/10.1111/j.2044-8287.1996.tb00502.x.

15 Manfred Amelang, "Using Personality Variables to Predict Cancerand Heart Disease," *European Journal of Personality* 11, no. 5 (1997): 319–342,https://psycnet.apa.org/doi/10.1002/(SICI)1099-0984(199712)11:5%3C319::AID-PER304%3E3.0.CO;2-D.

16 Peter Pringle, "Eysenck Took £800,000 Tobacco Funds," *The Independent*, October 31, 1996, https://www.independent.co.uk/news/ eysenck-took-pounds-800-000-tobacco-funds-1361007.html.

17 Farhad Islami et al., "Global Trends of Lung Cancer Mortality and Smoking prevalence," *Translational Lung Cancer Research* 4, no. 4 (2015): 327–38, doi:10.3978/j.issn.2218-6751.2015.08.04.

18 Pelosi, "Personality and Fatal Diseases," 421–439.

19 David F. Marks, "The Hans Eysenck Affair: Time to Correct the Scientific Record," *Journal of Health Psychology* 24, no. 4 (February 2019): 409–420, https://doi.org/10.1177%2F1359105318820931.

20 Colman et al., "A Role in Auditing."

21 "'Blameworthy Inaccuracies': Dirk Smeesters up to Six Retractions," Retraction Watch, accessed March 18, 2022, https://retractionwatch.com/2014/05/22/blameworthy-inaccuracies-dirk-smeesters-up-to-six-retractions/.

22 "Retraction Eight Appears for Social Psychologist Lawrence Sanna," Retraction Watch, accessed March 18, 2022, https://retractionwatch.com/2013/01/11/retraction-eight-appearsfor-social-psychologist-lawrence-sanna/.

23 "Beleaguered Förster Turns Down Prestigious Professorship, Citing Personal Toll," Retraction Watch, accessed March 18, 2022, https://retractionwatch.com/2015/04/20/beleaguered-forster-turns-down-prestigious-professorship-citing-personal-toll/.

24 "Prominent Video Game-Violence Researcher Loses Another Paper to Retraction," Retraction Watch, accessed March 18, 2022, https://retractionwatch.com/2018/08/31/prominent-video-gameviolence-researcher-loses-another-paper-to-retraction/.

25 "Former Stanford Researcher up to 5 Retractions for Unreliable Data," Retraction Watch, accessed March 18, 2022, https://retractionwatch.com/2016/12/01/former-stanford-researcher5-retractions-unreliable-data/.

26 "Former Harvard Psychology prof Marc Hauser Committed Misconduct in Four NIH Grants: ORI," Retraction Watch, accessed March 18, 2022, https://retractionwatch.com/2012/09/05/former-harvard-psychology-prof-marc-hauser-committed-misconductin-four-nih-grants-ori/.

27 Le Texier, *Histoire D'Un Mensong*.

28 Denny Borsboom, and Eric-Jan Wagenmakers, "Derailed: The Rise and Fall of Diederik Stapel," *The Observer*, December 27, 2012, https://www.psychologicalscience.org/observer/derailedtherise-and-fall-of-diederik-stapel.

5부 치료 문화의 허상 까발리기

16장 근본적 물음을 던져라, 심리 치료는 효과가 있는가?

1 이 글은 《아레오 매거진》 2022년 4월 6일자에 더 짧은 버전을 먼저 실었고 허가를 받아 재수록한다. https://areomagazine.com/2022/04/06/psychotherapy-gaps-in-our-knowledge/

2 "Psychologists Working in Mental Health Sector (per 100,000)," World Health Organization, accessed March 18, 2022, https://www.who.int/data/gho/data/indicators/indicator-details/GHO/psychologists-working-in-mental-health-sector-(per-100-000).

3 "Anzahl Psychologischer Psychotherapeutengruppen Insgesamt in Deutschland nach Bundesland im Jahr 2019," Statista, accessed March 19, 2022, https://de.statista.com/statistik/

daten/studie/430234/umfrage/anzahl-der-psychotherapeu-
ten-in-deutschland-nach-bundesland.

4   Meichenbaum, and Lilienfeld, "How to Spot Hype," 22.

5   Elena Dragioti et al., "Does Psychotherapy Work? An Umbrel-
la Review of Meta-Analyses of Randomized Controlled Trials,"
Acta Psychiatrica Scandinavica 136, no. 3 (2017): 236–246,
doi:10.1111/acps.12713.

6   Joeb van Agteren et al., "A Systematic Review and Meta-Analy-
sisof Psychological Interventions to Improve Mental Wellbeing,"
Nature Human Behaviour 5, (April 2021): 631–652.

7   Klaus Lieb et al., "Conflicts of Interest and Spin in Reviews of Psy-
chological Therapies: A Systematic Review," *BMJ Open* 6, no. 4
(2016): e010606, doi: 10.1136/bmjopen-2015-010606.

8   Keith Dobson, and Shadi Beshai, "The Theory-Practice Gap in
Cognitive Behavioral Therapy: Reflections and a Modest Proposal
to Bridge the Gap," *Behavior Therapy* 44, no. 4 (2013): 559–67,
doi:10.1016/j.beth.2013.03.002.

9   Glenn Waller, Hannah Stringer, and Caroline Meyer, "What Cogni-
tiveBehavioral Techniques Do Therapists Report Using When De-
livering Cognitive Behavioral Therapy for the Eating Disorders?"
Journal of Consulting and Clinical Psychology 80 (2011): 171–5,
doi:10.1037/a0026559.

10 Glenn Waller, "Evidence-Based Treatment and Therapist Drift. Be-
haviour Research and Therapy," *Behaviour Research and Therapy*
47 (2008): 119–27, doi:10.1016/j.brat.2008.10.018.

11 Glenn Waller, and Hannah Turner, "Therapist Drift Redux: Why
Well-Meaning Clinicians Fail to Deliver Evidence-Based Therapy,
and How to Get Back on Track," *Behaviour Research and Therapy*
77 (2016): 129–37, doi:10.1016/j.brat.2015.12.005.

12 Ulf Jonsson et al., "Reporting of Harms in Randomized Controlled
Trials of Psychological Interventions for Mental and Behavioral
Disorders:A Review of Current Practice," *Contemporary Clinical
Trials* 38 (2014): 1–8, doi: 10.1016/j.cct.2014.02.005.

13 Jennie Sharf, "Meta-analysis of Psychotherapy Dropout," last
modified January, 2009, https://www.researchgate.net/publica-

tion/307557461_Meta-analysis_of_Psychotherapy_Dropout.

14 Stacy Hamilton et al., "Psychotherapy Dropouts: Differences by Modality, License, and DSM-IV Diagnosis," *Journal of Marital and Family Therapy* 37, no. 3 (2011): 333–43, doi:10.1111/j.1752-0606.2010.00204.x

15 Tomasz Witkowski, *Psychoterapia bez Makijażu. Rozmowy o Terapeutycznych Niepowodzeniach* (Wrocław: Bez Maski, 2018).

16 Jeffrey M. Masson, *Against Therapy. Motional Tyranny and the Myth of Psychological Healing* (New York: Common Courage, 1988), 253.

17 Gabriel Garcia Marquez, *Strange Pilgrims* (London: Penguin Books 2004)

18 William M. Epstein, *Psychotherapy as Religion: The Civil Divine in America* (Reno: University of Nevada Press, 2006).

19 Jon E. Grant, "Liability in Patient Suicide," *Current Psychiatry* 3, no. 11 (November 2004); 80–82.

20 Richard Leslie, "Confidentiality/Privilege—Death of the Patient,"Avoiding Liability Bulletin, November 2008, https://www.cphins.com/confidentialityprivilege-death-of-the-patient/.

21 "Malpractice Insurance for Counselors: What You Need to Know," Good Therapy, last modified January 10, 2019, https://www.goodtherapy.org/for-professionals/business-management/insurance/article/malpractice-insurance-for-counselors-what-you-need-to-know.

22 "Recognition of Psychotherapy Effectiveness," American Psychological Association, last modified August, 2012, https://www.apa.org/about/policy/resolution-psychotherapy

17장 상식이 작동하지 않는 기괴한 심리 치료

1 이 글은 《메리온 웨스트》 2021년 6월 18일자에 먼저 실었고 허락을 받아 재수록한다. https://merionwest.com/2021/06/18/a-rocking-chair-with-a-fan-parallels-with-psychotherapy/.

2 "Patent Pending," Honestly WTF, last modified April 6, 2011, https://honestlywtf.com/rarebirds/patent-pending/.

3   Ilona Baliūnaitė, "Guy Invents Glasses That Allow Short People To See The World From 'Above'," Borepanda, accessed March 19, 2022, https://www.boredpanda.com/short-people-one-foot-taller-periscope-glasses-dominic-wilcox/?utm_source=google&utm_medium=organic&utm_campaign=organic.

4   "Panasonic Tests a Hair Washing Robot," The Future of Things, accessed March 19, 2022, https://thefutureofthings.com/4818-panasonic-tests-a-hair-washing-robot/.

5   Michael Van Duisen, "10 Of The Worst Alternative Medical Treatments," Listverse, last modified January 13, 2015, https://listverse.com/2015/01/13/10-of-the-worst-alternative-medical-treatments/.

6   Meichenbaum, and Lilienfeld, "How to Spot Hype," 22.

7   Tina Rosenberg, "Busting the Myth that Depression Doesn't Affect People in Poor Countries," *The Guardian*, April 30, 2019, https://www.theguardian.com/society/2019/apr/30/busting-the-myththat-depression-doesnt-affect-people-in-poor-countries.

8   Vikram Patel, and Charlotte Hanlon, *Where There Is No Psychiatrist* (Cambridge University Press, 2022).

9   Vikram Patel et al., "Effectiveness of an Intervention Led by Lay Health Counsellors for Depressive and Anxiety Disorders in Primary Care in Goa, India (MANAS): a Cluster Randomised Controlled Trial," *The Lancet* 376, no. 9758 (December 2010): 2086–95, https://doi.org/10.1016/S0140-6736(10)61508-5.

10   Witkowski, *Shaping Psychology*, 283

11   Bruce R. Sloane et al., *Psychotherapy versus behavior therapy*. (Harvard University Press, 1975).

12   David M. Stein, and Michael J. Lambert, "On the Relationship Between Therapist Experience and Psychotherapy Outcome," *Clinical Psychology Review* 4, no. 2 (1984): 127–142, https://doi.org/10.1016/0272-7358(84)90025-4.

13   John R. Weisz et al., Effectiveness of psychotherapy with children and adolescents: A meta-analysis for clinicians. *Journal of Consulting and Clinical Psychology* 55, no. 4 (1987): 542–549. https://doi.org/10.1037/0022-006X.55.4.542.

14 Norman R. Simonson, and Susan Bahr, "Self-Disclosure by the Professional and Paraprofessional Therapist," *Journal of Consulting and Clinical Psychology* 42, no. 3 (1974): 359–363, https://doi.org/10.1037/h0036717.

15 David Faust, and Caron Zlotnick, "Another Dodo Bird Verdict? Revisiting the Comparative Effectiveness of Professional and Paraprofessional Therapists," *Clinical Psychology & Psychotherapy* 2, no. 3 (October 1995): 157–167, https://doi.org/10.1002/cpp.5640020303

16 Ioana A. Cristea et al., "Biological Markers Evaluated in Randomized Trials of Psychological Treatments for Depression: A Systematic Review and Meta-Analysis," *Neuroscience & Biobehavioral Reviews* 101 (June 2019): 32–44, https://doi.org/10.1016/j.neubiorev.2019.03.022.

17 Fox et al., "Interventions for Suicide."

18 Jonsson et al., "Reporting of Harms," 1–8.

19 Lieb et al., "Conflicts of Interest."

20 Dragioti et al., "Does Psychotherapy Work?" 236–246

21 "Recognition of Psychotherapy Effectiveness," American Psychological Association, last modified August 2012, https://www.apa.org/about/policy/resolution-psychotherapy.

22 Scott O. Lilienfeld, "Psychological Treatments That Cause Harm," *Perspectives on Psychological Science: A Journal of the Association for Psychological Science* 2, no. 1 (2007): 53–70, doi:10.1111/j.1745-6916.2007.00029.x.

23 Mike J. Crawford et al., "Patient Experience of Negative Effects of Psychological Treatment: Results of a National Survey," Royal College of Psychiatrists, last modified July 1, 2015, doi:10.1192/bjp.bp.114.162628

24 Michael Berk, and Gordon Parker, "The Elephant on the Couch: SideEffects of Psychotherapy," *Australian & New Zealand Journal of Psychiatry* 43, no. 9 (2009): 787–794, doi:10.1080/00048670903107559.

25 Philip Chow et al., "Therapy Experience in Naturalistic Observational Studies is Associated with Negative Changes in Personali-

ty," *Journal of Research in Personality* (February 2017), 10.1016/
j.jrp.2017.02.002.

26 G. Alan Marlatt, and Katie Witkiewitz, "Relapse Prevention for
Alcohol and Drug Problems," in *Relapse Prevention, Second
Edition: Maintenance Strategies in the Treatment of Addictive Be-
haviors*, eds G. Alan Marlatt, and Dennis M. Donovan (New York:
Guilford Press, 2005), 1–44.

27 José Szapocznik, and Guillermo Prado, "Negative Effects on
Family Functioning from Psychosocial Treatments: A Recommen-
dation for Expanded Safety Monitoring," *Journal of Family Psy-
chology* 21, no. 3 (2007): 468–478, https://doi.org/10.1037/0893-
3200.21.3.468

28 Suzanne W. Hadley, and Hans H. Strupp, "Contemporary Views
of Negative Effects in Psychotherapy. An Integrated Account,"
Archives of General Psychiatry 33, no. 11 (1976): 1291–302,
doi:10.1001/archpsyc.1976.01770110019001.

29 Charles Boisvert, and David Faust, "Practicing Psychologists'
Knowledge of General Psychotherapy Research Findings: Im-
plications for Science–Practice Relations," *Professional Psy-
chology-Research and Practice* 37, no. 6 (2006), 10.1037/0735-
7028.37.6.708.

30 Conor Duggan et al., "The Recording of Adverse Events from
Psychological Treatments in Clinical Trials: Evidence from a Re-
view of NIHR-funded Trials," *Trials* 15, no. 335. (August 2014),
doi:10.1186/1745-6215-15-335.

18장 심리 치료, 안 하는 것보다 하는 것이 나을까?

1 이 글은 《과학기반의학》 2018년 7월 26일자에 먼저 실었고 허가를 받
아 재수록한다. https://sciencebasedmedicine.org/the-prim-
um-non-nocere-principle-in-psychotherapy-a-science-based-ap-
proach/

2 Cedric M. Smith, "Origin and Uses of Primum Non Nocere—
Above all, Do no Harm!" *Journal of Clinical Pharmacology* 45,
no. 4 (2005): 371–7, doi:10.1177/0091270004273680.

3   Dragioti et al., "Does Psychotherapy Work?" 236–246

4   Meichenbaum, and Lilienfeld, "How to Spot Hype," 22

5   Barbara Starfield, "Is US Health Really the Best in the World?" *JAMA* 284, no. 4 (2000): 483–485, doi:10.1001/jama.284.4.483.

6   Jonsson et al., "Reporting of Harms," 1–8.

7   Duggan et al., "The Recording of Adverse Event."

8   Boisvert, and Faust, "Practicing psychologists' knowledge," 708–716.

9   Scott O. Lilienfeld, "Why Ineffective Psychotherapies Appear to Work: A Taxonomy of Causes of Spurious Therapeutic Effectiveness." *Perspectives on Psychological Science* 9, no. 4 (2014): 355–87, doi:10.1177/1745691614535216.

10 Lambert Michael, "Presidential Address: What We have Learned from a Decade of Research Aimed at Improving Psychotherapy Outcome in Routine Care," *Psychotherapy Research* 17, no. 1 (2007): 1–14, doi:10.1080/10503300601032506.

11 Sunil Manjila et al., "Modern Psychosurgery before Egas Moniz: A Tribute to Gottlieb Burckhardt," *Neurosurgical Focus* 25, no. 1 (2008): E9, doi:10.3171/FOC/2008/25/7/E9.

12 German E. Berrios, "The Origins of Psychosurgery: Shaw, Burckhardtand Moniz," *History of Psychiatry* 8, no. 29 (1997): 61–81, doi:10.1177/0957154X9700802905.

옮긴이 남길영

숙명여자대학교 영어영문학과 및 동 대학원을 졸업한 뒤, 기업체 및 대학에서 강의를 해오며 전문 번역가의 길을 걷고 있다. 옮긴 책으로는《내 속에는 나무가 자란다》(공역)《캐릭터의 탄생》《교황 연대기》《Dear Dad: 아빠 사랑해요》《남자의 고전》《내 이름은 버터》《토니 스피어스의 천하무적 우주선》《토니 스피어스와 수상한 물방울》《잭과 천재들1: 지구의 끝 남극에 가다》《잭과 천재들2: 깊고 어두운 바다 밑에서》등이 있다.

인생에 대해 조언하는 구루에게서 도망쳐라,
너무 늦기 전에

초판 1쇄 발행 2024년 5월 30일

지은이 토마시 비트코프스키
옮긴이 남길영
기획 및 책임편집 권오현
디자인 주수현

펴낸곳 (주)바다출판사
주소 서울시 마포구 성지1길 30 3층
전화 02-322-3675(편집) 02-322-3575(마케팅)
팩스 02-322-3858
이메일 badabooks@daum.net
홈페이지 www.badabooks.co.kr

ISBN 979-11-6689-250-9 03400